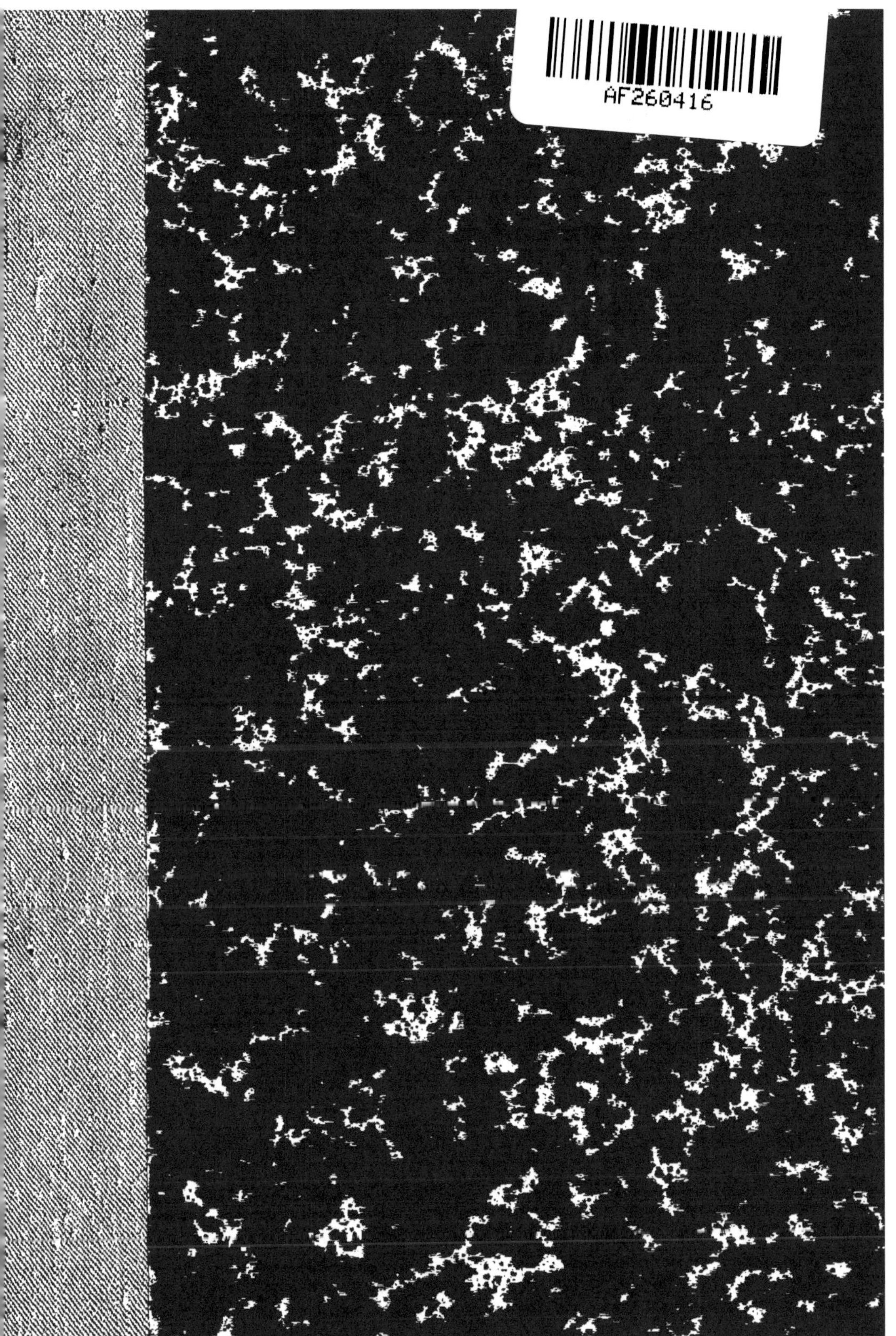

AF260416

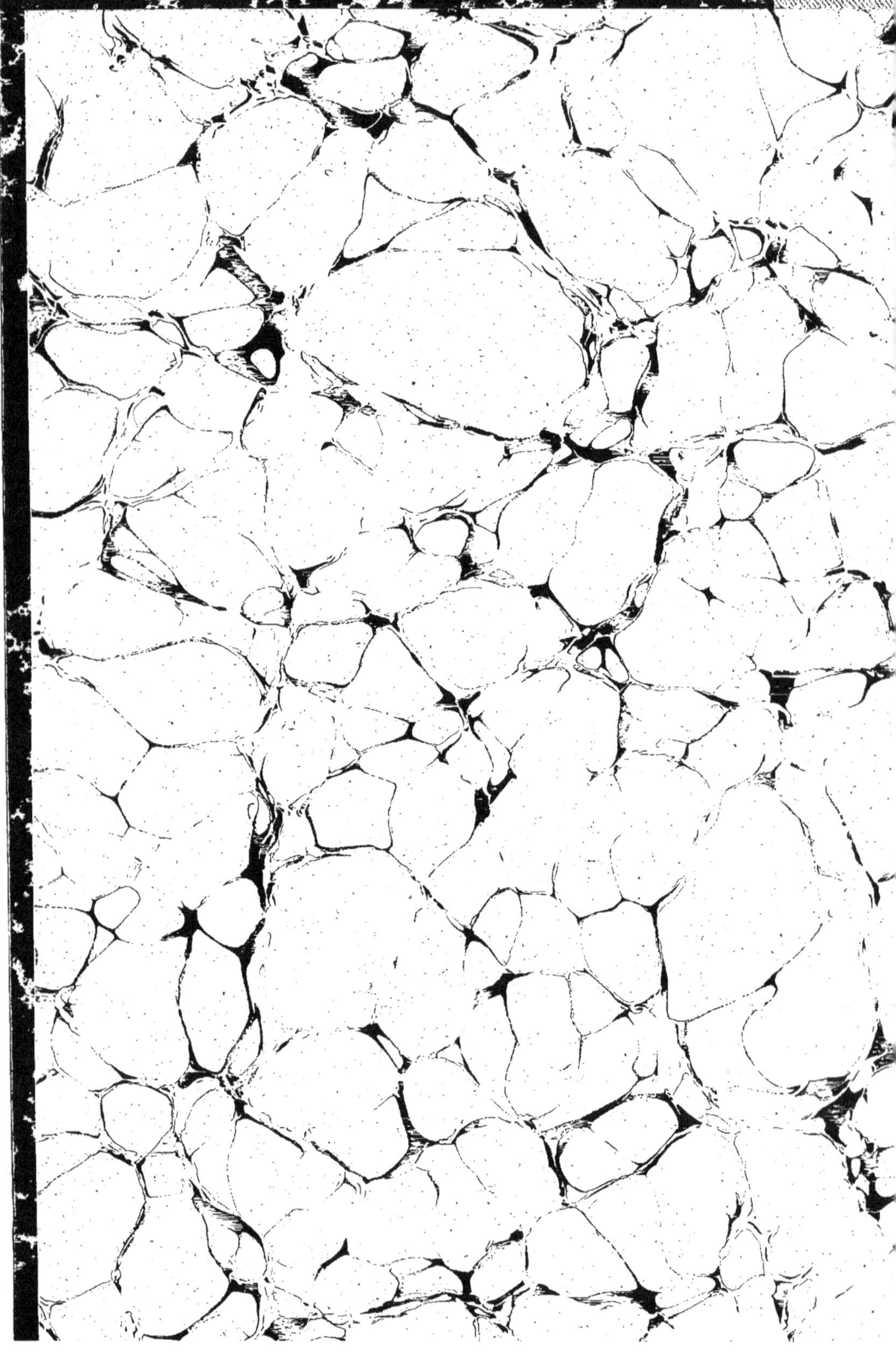

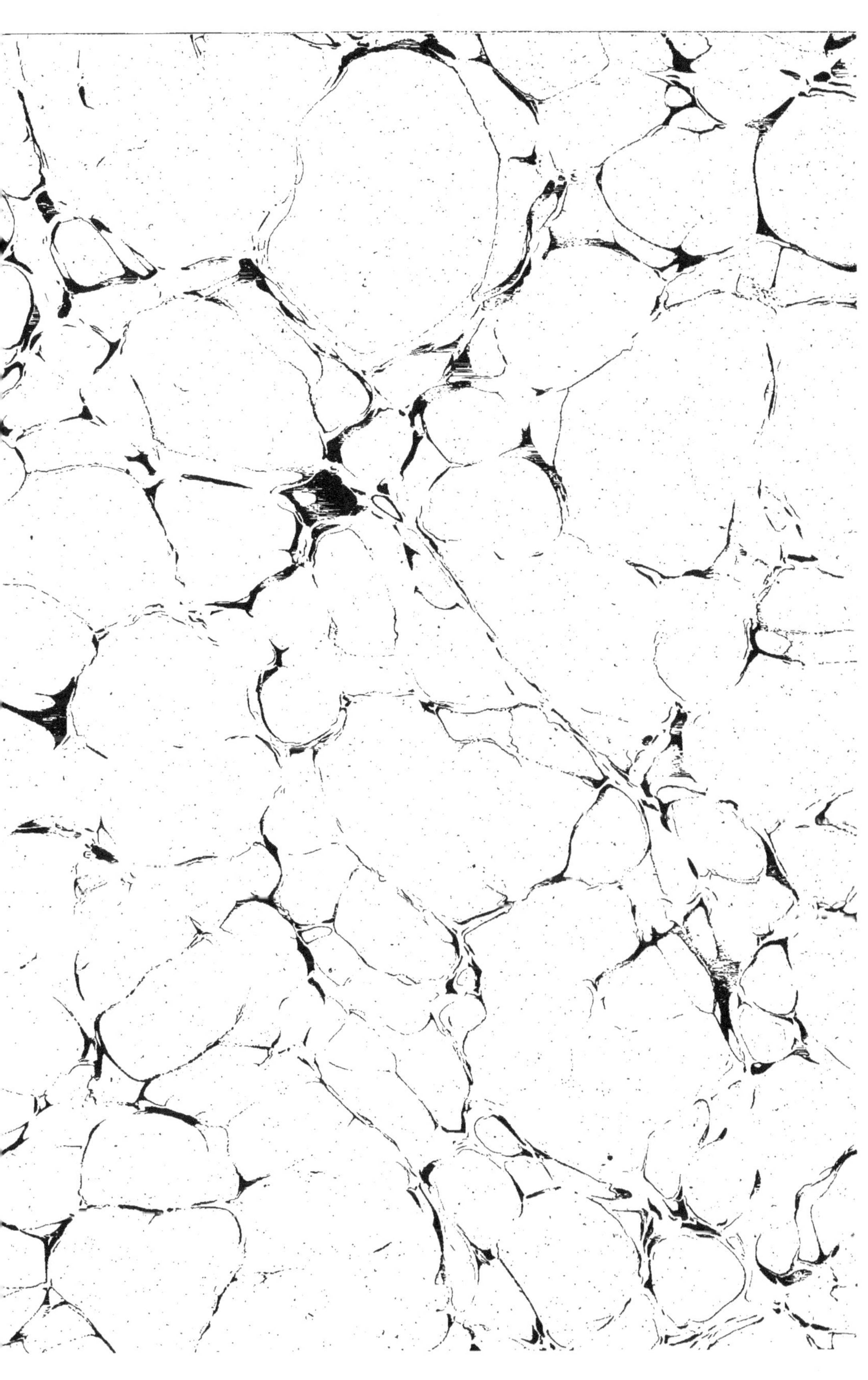

FAUNE

DE LA

SÉNÉGAMBIE

PAR

A.-T. DE ROCHEBRUNE

Docteur en Médecine

LAURÉAT DE LA FACULTÉ DE MÉDECINE DE PARIS, LAURÉAT DE L'INSTITUT (AC. DES SC.)
ANCIEN MÉDECIN COLONIAL A St-LOUIS (SÉNÉGAL), AIDE NATURALISTE AU MUSÉUM DE PARIS
MEMBRE DE LA SOCIÉTÉ LINNÉENNE DE BORDEAUX, ETC., ETC.

POISSONS

Avec six planches en couleurs retouchés au pinceau

PARIS	BORDEAUX
Octave DOIN	J. DURAND, Imprimeur
ÉDITEUR	DE LA SOCIÉTÉ LINNÉENNE
8, PLACE DE L'ODÉON, 8	20, RUE CONDILLAC, 20

1883

Tous droits réservés.

FAUNE

DE LA

SÉNÉGAMBIE

FAUNE

DE LA

SÉNÉGAMBIE

PAR

A.-T. DE ROCHEBRUNE

Docteur en Médecine

LAURÉAT DE LA FACULTÉ DE MÉDECINE DE PARIS, LAURÉAT DE L'INSTITUT (AC. DES SC.)
ANCIEN MÉDECIN COLONIAL A St-LOUIS (SÉNÉGAL), AIDE NATURALISTE AU MUSÉUM DE PARIS,
MEMBRE DE LA SOCIÉTÉ LINNÉENNE DE BORDEAUX, ETC., ETC.

POISSONS

Avec six planches en couleurs retouchés au pinceau

PARIS	BORDEAUX
Octave DOIN	J. DURAND, Imprimeur
ÉDITEUR	DE LA SOCIÉTÉ LINNÉENNE
8, PLACE DE L'ODÉON, 8	20, RUE CONDILLAC, 20

1883

A LA MÉMOIRE DE MON PERE

A.-T. DE ROCHEBRUNE

PRÉFACE

L'ouvrage dont nous commençons aujourd'hui la publication, grâce au sympathique accueil de la Société Linnéenne de Bordeaux, à laquelle nous sommes uni par un profond sentiment de reconnaissance et le souvenir d'une mémoire vénérée, a pour objet l'étude des Vertébrés et des Invertébrés propres à la Sénégambie ; il formera 2 volumes composés chacun de Monographies, dont la réunion aura pour but de présenter, l'ensemble de la Faune de cette région, et comprendra les Races humaines, les Mammifères, Oiseaux, Reptiles, Batraciens, Poissons, Crustacés, Insectes, Mollusques, Échinodermes, Zoophites, etc.(1).

Les collections recueillies pendant notre séjour en Sénégambie (1875-1877) (2) ; les croquis de la plupart des espèces, exécutés sur place ; les nombreuses observations réunies jour par jour, jointes aux découvertes que nos devanciers ont consignées dans divers recueils, mais qui n'ont pas encore été groupées en un tout homogène ; enfin la grande quantité de types variés, quelquefois uniques, exposés dans les riches Galeries Zoologiques du Muséum de Paris, contribueront puissamment à aplanir les difficultés de la tâche longue et difficile, que, seul, nous n'hésitons pas à entreprendre, dans l'espoir de la mener à bonne fin.

L'étude attentive et consciencieuse de la Faune Sénégambienne, nous paraît être une œuvre utile : l'Histoire Naturelle de

---

(1) Des circonstances indépendantes de notre volonté, nous ont empêché de faire paraître nos diverses monographies, dans un ordre méthodique ; c'est ainsi que nous donnons en premier lieu les Poissons, puis les Mammifères, les Reptiles, les Oiseaux, les Races humaines, etc. Mais chaque monographie portant une pagination spéciale, elles pourront être méthodiquement classées, à la fin de la publication — une introduction générale et une carte de la Sénégambie complèteront ces séries.

(2) Nos types sont, pour la plupart, déposés dans les Galeries du Muséum ; quelques-uns font partie de la Collection du Musée des Colonies.

1

cette partie de l'Afrique, si remarquable à tant de titres,
compte un nombre restreint de publications, car la voie ouverte
aux Naturalistes par Adanson, depuis un peu moins de deux
siècles, a été rarement parcourue, et les courageux exploirateurs
qu'attire l'inconnu du Centre Africain, se sont rarement arrêtés
à cette première étape, où l'on apprend à mourir sans gloire,
mais où l'on est certain de trouver, en revanche, de riches mines
scientifiques à exploiter.

Puissions-nous réussir à soulever un lambeau du voile qui les
cache; puissions-nous provoquer des recherches assidues, et
planter ainsi des jalons utiles pour tous ceux appelés par les
exigences de leur profession, à vivre sous le climat meurtrier
d'une contrée trop imparfaitement explorée !

En s'adonnant à l'étude des êtres qu'elle nourrit, ils contribueront aux progrès de la Science et, de plus, ils trouveront,
comme nous, un adoucissement aux regrets qu'entraînent là,
plus que partout, ailleurs peut-être. les souvenirs de la Patrie
absente !

Paris, 2 janvier 1882.

POISSONS

CONSIDÉRATIONS GÉNÉRALES.

§ I. — Depuis l'époque où A. Duméril écrivait son important Mémoire sur les Reptiles et les Poissons de la côte occidentale d'Afrique (1), peu de travaux sont venus accroître le nombre des espèces décrites ou mentionnées par le savant Professeur du Muséum de Paris.

Parmi les rares publications relatives à l'Ichthyologie, nous trouvons seulement les brochures de M. Steindachner sur quelques espèces du Sénégal (2), et les notes de MM. Péters (3), Gill (4), Cope (5), Gunther (6), relatives au même sujet.

Le mémoire de Blecker (7), consacré aux Poissons de la côte de Guinée, bien que ne traitant pas des espèces Sénégambiennes, doit être consulté, plusieurs types étant communs aux deux régions.

Il en est de même pour la savante monographie ichthyologique de l'Ogöoué par M. le Dr Sauvage (8), où se trouve la liste des espèces fluviales du Sénégal.

---

(1) *Arch. Mus.* t. X, p. 137-268. (1858-1861.)

(2) *Verh. zool. bot. ges.* Wien. (1864-1866-1869). — *Beitr. Z. Kenntniss Ber Fishe Afrika's.* Wien, 1881.

(3) *Monastb. Berl. Akad.* (1857-1864-1876.)

(4) *Proced. Ac. nat. sc. Philad.* (1862.)

(5) *Journ. Ac. nat. sc. Philad.* (1866.)

(6) *Proc. zool. soc. Lond.* (1859.)— *Wiegm. Arch.* (1862.)—*Cat. Fisch. Brit. Mus.*

(7) 1861-1862.

(8) *Nouv. Arch. Mus.* Paris, 2° série, t. III, p. 5-56.

Nous indiquerons, outre ces divers ouvrages, la Faune des Canaries, par Valenciennes (1), le Traité de pêche sur la côte occidentale d'Afrique, par Berthelot (2), le mémoire de Castelneau (3), sur les Poissons de l'Afrique australe, les ouvrages d'Adanson, dont les deux principaux (4) renferment de précieux renseignements; enfin les traités généraux de Lacépède (5), Cuvier et Valenciennes (6) et quelques notes de Guichenot (7).

§ II. — Pour bien préciser le mode de répartition des espèces ichthyologiques Sénégambiennes, il convient, avant tout, de connaître la nature des parages qu'elles habitent et les phénomènes qui s'y produisent. En ce qui concerne le littoral, il nous faut étudier sa constitution géologique (8), la nature de ses fonds, ses atterrissements, ses profondeurs, les courants qui le sillonnent; relativement aux fleuves, il est nécessaire d'examiner leur ossature, le régime de leurs eaux et leurs dépôts, soit sur leur parcours, soit à leur embouchure.

Lorsque l'on quitte le cap Blanc, que nous prenons comme limite Nord extrême, pour suivre le littoral Africain, en vue d'aboutir au cap Verga, limite extrême Sud, on parcourt une suite de côtes, d'abord basses, souvent remplies d'écueils, limitées par des dunes de sable feldspathique, et, au fur et à mesure du chemin parcouru, par des falaises abruptes, généralement formées de roches trachytiques, rarement à base de Pyroxène, démontrant ainsi que cette longue étendue d'environ six cents milles, comprise entre les 20° et 10° de latitude N., et les 19° et 16° de longitude O., est due tout entière à des dépôts érup-

---

(1) In *Hist. Nat. des Canaries*, par Vebb et Berthelot, t. II, 1839-1844.

(2) In-8°. Paris, M DCCC XL.

(3) Broch. in-8°, 78 pages (1861).

(4) *Hist. nat. du Sénégal*, in-4°, M DCC LVII. — *Cours d'hist. nat.* 1772. — Édit. Payer, t. II (1845).

(5) *Hist. Poiss.* Passim.

(6) *Hist. Poiss.* Passim.

(7) In Dumeril, *loco cit.*

(8) Très peu de renseignements nous paraissent avoir été donnés jusqu'ici sur la géologie de la côte occidentale d'Afrique. — Le grand planisphère de Marcou et Ziegler (2ᵉ édit. 1875) est muet sur ce point.

tifs ; çà et là se rencontrent des lambeaux de plages soulevées, notamment au cap Blanc, et quelques îlots de terrains pétris de coquilles fluviales, dont nous ne devons pas tenir compte pour le moment, ayant à les examiner lorsque nous traiterons de l'ossature des fleuves.

La configuration des côtes est en raison directe de la composition du sol qui les limite. En effet, aux dunes correspondent de vastes baies, des bancs parfois considérables, des fonds de sable et de coquilles, souvent de vase, ceux-ci plus spécialement à l'embouchure des cours d'eau et dans un parcours assez étendu à partir de ces points; aux falaises succèdent les récifs, les fonds de graviers et de roches, toujours les plus grandes profondeurs.

Du cap Blanc aux premiers rochers du cap Vert, à quelques milles du plateau des Almadies, sans tenir compte de la portion de côte comprise entre le marigot des Maringouins, situé à environ quinze milles au Nord de Saint-Louis et la baie d'Yof, à dix-sept milles Sud de cette localité, espace de trente-deux milles sur lequel nous aurons à revenir, on relève les baies du Levrier, les hauts fonds de la Bayadère, le banc d'Argain, la baie de Tanit et le banc d'Angel, parages depuis longtemps connus par l'abondance exceptionnelle des poissons que l'on y rencontre et qui est due aux conditions favorables inhérentes à la nature de ces côtes. Nous voyons se reproduire le même fait, pour les baies de Dakar, Gorée, Joalles, Rufisques; plus loin encore, pour celles de la Gambie, du cap Sainte-Marie et du cap Rouge.

La moyenne des profondeurs sur toute l'étendue de la côte, peut être évaluée entre douze et vingt-cinq brasses (1).

L'anse du cap Blanc, par exemple, limitée dans sa partie Sud par une falaise trachytique et une portion de plage soulevée, présente un fond de sable mélangé de débris de la falaise et donne de douze à dix-neuf brasses de profondeur ; celle du Levrier, à fond de sable, mesure les mêmes chiffres ; sur le banc d'Argain, vaste plateau de sable et de coquilles brisées (comme les côtes basses environnantes), d'une longueur approximative de soixante milles, la sonde relève huit à dix brasses ; le haut-fond de la Bayadère, le plus considérable, à huit milles dans le

---

(1) La plupart des brassages cités ont été puisés dans l'excellent ouvrage de l'amiral Roussin (*Mémoire sur la navigation aux côtes occid. d'Afr.*).

Sud, compte vingt brasses, tandis qu'autour de ces écueils, à peu près à cinq milles au large, on relève de vingt-cinq à cinquante brasses, sur fond de sable feldspathique.

Six à dix brasses, seulement, recouvrent le banc d'Angel, tandis que vers les parages du cap Vert, notamment à la pointe des Almadies et aux Deux-Mammelles (parages où les falaises se montrent les plus hautes), la profondeur descend : pour le premier, à quatre-vingt-quatre brasses ; pour le second, de soixante-quatre à soixante-dix, et remonte à douze brasses dans la baie de Gorée.

A partir du cap Naze, limitant au Sud la grande baie où s'élève l'île de Gorée, les fonds sont tous de sable et de coquilles, mélangés de débris de roches brunâtres, au fur et à mesure que l'on s'approche du cap Verga. Les sondages de six à douze brasses, à un demi-mille de la côte, tombent à quatre, vers l'embouchure de la Casamence, pour reprendre et s'élever à cinquante brasses dans les eaux du cap Verga.

Les courants, constants sur les côtes de la Sénégambie, suivent le gisement de ces côtes du Nord au Sud.

Le grand courant polaire Nord de l'Afrique, issu de la branche Nord-Est du Gulf-Stream, relié au courant de Gibraltar et à celui du Portugal, s'incline au Sud, pour se confondre avec le courant du golfe de Guinée et délimite ainsi une large étendue affectant la forme d'un triangle isocèle, au centre duquel s'élèvent Madère et les Canaries. Tous les courants particuliers rayonnant de ces courants principaux, sont, en somme, le produit du volume d'eau général, venant se heurter contre les obstacles échelonnés sur son parcours et se subdivisant en bras, dont le retour à la masse s'effectue toujours au bout d'un parcours limité. Ces phénomènes se montrent, par exemple, au banc d'Argain, au cap Vert, sur tous les points analogues de la côte et à l'embouchure des rivières, où le courant fluvial, venant à rencontrer le courant marin, lutte un instant avant de se mêler avec lui, et occasionne les barres, si fréquentes dans les fleuves d'Afrique.

Des récifs nombreux, répandus le long du littoral où ils provoquent un état analogue à ces barres et connu sous le nom de *brisants*, règnent sur la presque totalité de la côte, mais plus spécialement du cap Blanc à la baie d'Yof.

La succession, démontrée par les sondages, d'accores combinés

avec les courants qui les côtoient, et dont la vitesse, proportion-
nellement faible, n'en existe pas moins, produit des flots de fond ;
ceux-ci, forcés de s'élever les uns sur les autres, en vertu de la
résistance produite par les accores, se soulèvent avec toute la
force acquise, et parvenus à leur summum, retombent sur eux-
mêmes, pressés par la pesanteur, sans pouvoir s'étendre en
nappe sur le rivage, *brisant*, pour nous servir de l'expression
consacrée, comme s'ils venaient déferler contre une barrière de
rochers.

§ III. — Ces renseignements topographiques et hydrologiques
connus, si l'on embrasse l'ensemble des espèces marines, on
constate : que les côtes de la Sénégambie possèdent une faune
à elles propre ; et qu'en outre (nous insistons sur ce fait d'une
façon toute particulière) elles nourrissent un grand nombre
d'espèces de la Méditerranée et de l'archipel Canarien, tandis
que les espèces Américaines existent dans de très faibles propor-
tions.

Sur deux cent quarante espèces, en effet, composant la faune
littorale, quatre-vingt-sept sont propres à la côte occidentale
d'Afrique, soixante-sept ont été mentionnées comme appartenant
à la Méditerranée, aux Canaries, à Madère ; sept seulement sont
éminemment Américaines ; quant aux soixante-dix-neuf restant,
quoique en général communes à toutes les mers, elles ont
cependant une tendance à se cantonner sur les rivages Asiatiques et plus particulièrement sur ceux de l'archipel Indien.

La faune littorale peut donc être ainsi répartie : trente-six
espèces pour cent Africaines ; vingt-huit pour cent Méditerranéennes ; deux pour cent Américaines ; les espèces Asiatiques
peuvent être évaluées à seize pour cent.

Dans l'introduction à sa Faune ichthyologique des Canaries,
Valenciennes, abordant ce sujet, s'exprime ainsi : « Situé à l'entrée
» du grand bassin de l'Atlantique sur la côte d'Afrique, cet
» archipel *semble plutôt lier, par les poissons qu'il nourrit, les côtes*
» *du continent Américain au bassin de la Méditerranée, qu'à la*
» *côte d'Afrique.* »

A l'époque (1839-1844) où Valenciennes écrivait ces lignes,
l'ichthyologie des côtes d'Afrique était bien peu connue et
la comparaison entre les deux régions ne pouvait être établie

sur des bases certaines; sans cela il lui eût été facile de conclure à la similitude des espèces du littoral Sénégambien et de l'archipel des Canaries, et il n'eût pas cité comme seules espèces communes : les *Pagrus vulgaris* et *Chrysophris cæruleosticta*.

Pour démontrer le lien intime qui unit la côte d'Afrique à la Méditerranée et à l'archipel des Canaries, il suffit d'établir le calcul suivant, fait d'après les indications consignées dans le mémoire même de Valenciennes : sur cent douze espèces, abstraction faite de vingt-trois spéciales aux Canaries, quarante-trois sont communes aux côtes de la Sénégambie, quarante et une vivent dans la Méditerranée et cinq dans les mers d'Amérique.

Les espèces des parages de Madère donnent des résultats identiques, car trente-huit de ces espèces se retrouvent sur nos côtes d'Afrique.

Ces chiffres comparés aux nôtres prouvent, par leur presque identité, la similitude précédemment signalée; il ne pouvait guère en être autrement, car si, d'un côté, les deux rives sont assez rapprochées pour que les mêmes espèces puissent s'y rencontrer, de l'autre, leur nature, leur configuration est semblable; ces causes doivent donc influer sur la distribution et le stationnement des mêmes poissons. A Madère, aux Canaries, sur les côtes de la Sénégambie, on observe une ossature littorale identique, des fonds composés des mêmes éléments, des rivages soumis aux mêmes influences, en un mot partout les mêmes conditions d'existence.

La liaison entre le bassin Méditerranéen, les Canaries et les côtes d'Afrique ainsi établie, contrairement aux dires de Valenciennes, il reste à examiner quelles relations existent entre les espèces des côtes d'Amérique et celles de la Méditerranée, et quel rôle, surtout, l'archipel des Canaries, nécessairement aussi les côtes d'Afrique (puisque la majeure partie des espèces sont les mêmes), doivent jouer dans la question.

Malgré l'autorité, généralement accordée au collaborateur de Cuvier, nous cherchons vainement sur quelles preuves il a pu établir l'opinion plus haut énoncée ? En démontrant que ces preuves font défaut, nous apporterons un élément d'une valeur plus grande encore, en faveur de la thèse que nous soutenons sur l'analogie des faunes Méditerranéennes et des côtes occidentales d'Afrique.

Comme preuve concluante du mélange de formes Américaines et Canariennes, Valenciennes invoque (1) « les *Priacanthes*, les » *Berix*, les *grandes Carangues,* les *Scombres* et les *Pimelep-* » *tères.* »

Nous venons d'établir que cinq espèces Américaines, seules, étaient signalées par Valenciennes sur les côtes de l'archipel Canarien ; ceci posé, en étudiant minutieusement son Mémoire, on ne lui voit d'abord citer relativement aux Carangues et aux Scombres que des espèces de la Méditerranée (2) ; si l'on passe aux *Priacanthes* et aux *Berix* dont il décrit deux espèces, le *Priacanthus boops* et le *Berix decadactylus* qui « N'ENTRENT PAS DANS LA MÉDITERRANÉE, » il est facile de voir que ces deux genres sont loin d'être essentiellement Américains, car, sur dix-huit espèces appartenant au premier, trois existent il est vrai dans les mers d'Amérique, mais onze habitent l'Inde, la Chine, le Japon, les Moluques, Sumatra, Batavia, les Seichelles ; trois, Madère et Sainte-Hélène ; une enfin la mer Rouge. Il en est de même du genre *Berix,* où l'on compte cinq espèces, toutes de Madère, de l'océan Indien et des mers d'Australie (3).

Il en est de même pour le genre *Pimelepterus,* que Valenciennes choisit « comme un des meilleurs exemples à prendre » pour démontrer la similitude des espèces Américaines et Cana- » riennes, similitude d'autant plus remarquable, qu'elle a lieu » pour des poissons *qui ne peuvent être comptés parmi les espèces* » *voyageuses* » (4).

En consultant l'Histoire Naturelle des poissons de Cuvier et de Valenciennes, à l'article du *Pimelepterus Boscii* Lacep., dont le *P. incisor* de Valenciennes n'est, selon M. Gunther (5), que le synonyme, et ne doit pas être confondu avec le *P. incisor* C. V., du Brésil, on trouve (6) « que Bosc a vu les Pimeleptères suivre les

---

(1) *Loc. cit.* p. 1, introduction.

(2) *Loc. cit.* p. 49.

(3) Gunther, *Cat. fisch. Brit. Mus.* t. I, p. 12 et seq., p. 215 et seq.

(4) *Loc. cit.* p. 1, introduction.

(5) *Loc. cit.* p. 497.

(6) *Loc. cit.* t. VII, p. 263.

» navires dans la haute mer et s'assembler en troupes autour du
» gouvernail, pour dévorer ce que l'on rejette du bâtiment; que le
» *P. Dussumieri* C. V., du Bengale fut pris par Dussumier le long
» d'un morceau de bois flottant (1) ; que le *P. Reynaldi* C. V., de la
» Sonde fut pêché le long du bord » (2).

Nous ajouterons enfin que sur les douze espèces connues, si
trois sont Américaines, deux sont du cap de Bonne-Espérance et
de la mer Rouge, les autres de Java, Batavia, les Philippines
et la Nouvelle-Guinée (3).

Il serait superflu d'accumuler de nouvelles preuves en faveur
de la cause que nous défendons (4).

Nous croyons avoir démontré, d'une part, l'identité des espèces
Méditerranéennes et Canariennes avec celles de la Sénégambie;
nous venons de faire voir, d'autre part, que les preuves invoquées
en faveur de l'union des côtes d'Amérique avec le bassin de la
Méditerranée, ne peuvent être acceptées. Modifiant la proposition
de Valenciennes, il faudrait dire : *La côte ouest d'Afrique,
liée au bassin de la Méditerranée et à l'archipel des Canaries,
n'a aucune relation appréciable avec les côtes du continent
Américain.*

Si un rapprochement devait être cherché, nous le trouverions
dans les mers de l'Inde, et nous pourrions, pour les poissons de

---

(1) *Loc. cit.*, vol. VII, p. 273.

(2) *Loc. cit.*, vol. VII, p. 274.

(3) Gunther, *loc. cit.*

(4) Berthelot *(De la pêche sur la côte occidentale d'Afrique)* émet une opinion semblable (p. 54-55), sur laquelle Valenciennes semble avoir établi la sienne.
Toutefois Berthelot ajoute que peut-être les espèces du Nouveau-Monde ont pu
s'égarer à travers l'Océan jusque dans ces parages. En ce qui a trait aux
espèces propres aux Canaries, il a soin de dire (p. 53) : « Les phalanges de
» poissons du cap Blanc, de la barre du Sénégal, de la baie de Gorée, de l'em-
» bouchure de la Gambie, fournissent depuis plus de trois siècles leurs tributs
» aux îles Canaries ». Cette citation n'a pas besoin de commentaires; mais un
peu plus loin, il ajoute : que la grande collection de poissons rapportée par lui
et Webb provient de ces parages. N'est-ce pas dire hautement que Valenciennes a été induit en erreur, et que, sur de faux renseignements, il a décrit
comme éminemment Canariennes, des espèces communes, sinon spéciales aux
côtes d'Afrique?? Cependant Valenciennes connaissait et cite souvent le Traité
de pêche de Berthelot! Les deux ouvrages fourmillent à chaque page de
contraditions, dont la cause nous est inconnue !

la Sénégambie, plus peut-être que pour tout autre groupe de l'échelle zoologique, invoquer l'opinion d'Isidore Geoffroy Saint-Hilaire (1), confirmée par Pucheran (2), développée par Duméril (3) : « *Presque tous les genres Africains ont des représen-* » *tants dans l'Inde.* » Isidore Geoffroy Saint-Hilaire et Pucheran parlaient des mammifères, Duméril des reptiles ; pour les poissons, il faut comprendre non seulement les *genres,* mais aussi les *espèces;* ces dernières, d'après nos chiffres, ont fourni une moyenne de vingt-huit pour cent, quantité bien supérieure aux deux pour cent des espèces Américaines. Quant aux genres, si leur nombre dépasse celui des espèces sur les côtes de la Sénégambie (fait analogue pour l'archipel Canarien), ils sont malgré tout en trop petite minorité, pour permettre de voir une liaison quelconque entre les deux continents (4).

La faune marine et littorale Sénégambienne se compose donc en presque totalité : d'une part, d'espèces de la Méditerranée; de l'autre, d'espèces spéciales à ses parages, lui donnant un faciès caractéristique.

§ IV. — Le bassin de la Sénégambie, arrosé par plusieurs cours d'eau, dont les plus importants sont : le Sénégal, la Gambie et la Casamence, est en partie borné au Sud-Est par la chaîne du Fouta-Djalon, dernier contrefort des montagnes de Kong, où ces fleuves prennent leur source. Tous courent parallèlement de l'Est àl'Ouest, en recevant divers affluents, dont le plus important pour le Sénégal est la Falèmé; leur cours est tortueux, semé de bancs de sable et de barrages de roches d'origine ignée, occasionnant

---

(1) *Voyage de Bellanger aux Indes orient.*, p. 10.

(2) *Revue zool.*, 1835, p. 403.

(3) *Poiss. et rept. côte occ. d'Afr. loc. cit.*, p. 158.

(4) « Les espèces littorales, dit Valenciennes, suivent en général les configurations des continents. » *(Dict. d'hist. nat.*, d'Orbigny, t. XI, p. 238, col. 2, 2ᵉ édit, 1872.) Il démontre, par là, l'extension des espèces Méditerranéennes aux côtes de la Sénégambie. Puis il ajoute : « Ainsi je ne connais que *deux ou* » *trois espèces communes aux côtes occidentales de l'Afrique et aux rives* « *orientales de l'Amérique,* mais il faut ajouter tout de suite que *ces poissons* » *sont cosmopolites.* » Cette observation détruit la théorie développée dans l'ichthyologie Canarienne, et confirme les conclusions auxquelles les précédentes discussions nous ont conduit.

souvent des chutes élevées ; des îles nombreuses se succèdent sur leur parcours ; leurs berges onduleuses, coupées en pente, limitent des anses profondes, où l'eau est presque toujours calme. Un de leurs principaux caractères réside dans la présence de Marigots, vastes amas d'eau, souvent plus larges que les fleuves euxmêmes, se prolongeant dans les terres, à des distances considérables et soumis comme les fleuves dont ils dépendent, aux crues de la saison des pluies. Des forêts de *Rhizophora mangle* Lin., croissent le long de leurs rives, et forment, par l'enlacement de leurs branches aphylles, immergées, des retraites où s'assemblent les espèces fluviales.

Les plaines alluviales dans lesquelles est creusé le lit des fleuves et des marigots, sont formées d'amas de coquilles du genre *Ætheria*, disposés tantôt par couches alternant avec des bancs d'argiles jaunâtres, tantôt sans aucun mélange, s'étendant sur de vastes espaces d'une épaisseur de plusieurs mètres ; les îles sont entièrement composées de ces dépôts, qui tous appartiennent à la formation quaternaire.

Les fonds sont plus ou moins vaseux suivant la rapidité ou la lenteur de l'écoulement des eaux. Ces vases, entraînées à l'embouchure, s'étendent sur certains points des côtes, — de la barre du Sénégal à la baie d'Yof, par exemple, également aussi à la baie de Gambie et de la Casamence.

Le peu d'inclinaison des terrains fait que le flux se fait sentir à des distances souvent très grandes de l'embouchure, mais le phénomène se produit seulement pendant la saison sèche, à l'époque des basses eaux ; aussi les deux grandes saisons de l'année sont-elles désignées en Sénégambie par l'état des fleuves : salés pendant la saison sèche, doux pendant celle des pluies.

L'abondance et la variété des espèces ichthyologiques est en raison de ces deux états.

Pendant la saison sèche, les représentants de la faune éminemment fluviale se rencontrent en petit nombre, tandis qu'à l'époque des pluies, de juin à septembre, lorsque tous les cours d'eau grossissent et sortent de leurs rives, non seulement certaines espèces marines remontent, mais les espèces spéciales aux fleuves, jusque-là cachées dans les profondeurs, ou cantonnées dans les points les plus éloignés, s'assemblent en phalanges in-

nombrables et apparaissent poussées par le besoin de la repro-
duction.

La constitution, la nature des fleuves de la Sénégambie étant
les mêmes pour tous, le raisonnement permettait d'entrevoir ce
que l'observation directe démontre : une égale répartition des
mêmes espèces ; sur quatre-vingt-douze on en connaît jusqu'ici
huit seulement localisées dans la Casamence et la Gambie ; encore
ces espèces appartiennent-elles à des genres communs aux autres
cours d'eau.

De nombreux représentants des genres *Chromis* et *Mormyrus*,
ainsi qu'une grande variété de *Siluroides,* caractérisent surtout
cette faune. Il est inutile de faire ressortir l'intérêt offert, non
pas seulement comme le dit M. le Dr Sauvage (1), par la faune de
la région centrale, à cause de la présence d'espèces de *Ganoides*
et de *Dipnés,* mais par la faune Africaine entière ; les auteurs ont
appelé l'attention sur ce point : les genres *Protopterus* et *Polyp-*
terus sont communs à tous les fleuves d'Afrique.

L'ensemble des espèces Sénégambiennes démontre cette proposition formulée par Duméril (2) : « On ne peut pas admettre
pour cette région une faune particulière. » Pour ne parler que
du Nil et du Sénégal, sur cent espèces, vingt-neuf leur sont
communes.

Nous ne chercherons pas à expliquer les causes de la communauté d'espèces des divers fleuves d'Afrique, en invoquant, avec
plusieurs zoologistes, la communication des cours d'eau par
l'intermédiaire des grands lacs, non plus que par la constitution
géologique, la succession de hautes terrasses étagées et la
descente des espèces d'un plateau central, signalées par divers
voyageurs ; nous confirmons un fait établi bien avant nous, c'est-
à-dire : *la dispersion des genres et même de presque toutes les*
espèces fluviales, sur le continent Africain, et nous croyons que,
pour tracer, d'une façon à peu près exacte, les étapes parcourues
dans cette dispersion, il faut attendre d'avoir sur l'hydrographie
et l'orographie Africaine, des notions encore plus complètes et
plus exactes que celles aujourd'hui connues.

---

(1) *Loc. cit.,* p. 6.
(2) *Loc. cit.,* p. 158.

§ V. — Indépendamment des espèces essentiellement fluviales, il en est d'autres sur lesquelles il n'est pas inutile d'attirer un instant l'attention. Généralement considérées comme marines, leur présence est cependant constante dans les eaux douces de la Sénégambie. Presque toutes appartiennent à la classe des Chondroptérygiens, et il est facile de constater d'une façon évidente qu'elles ne remontent point les fleuves à l'époque des pluies, pour redescendre aux approches de la saison sèche, à l'exemple de plusieurs espèces marines; mais qu'elles s'y sont établies, s'y multiplient et y vivent d'une manière permanente, comme semblent le prouver les innombrables individus de tout âge pêchés pendant toute l'année.

Les grands marigots de Saloum, Lampsar, Mouit, Oualalan, N'Galel, etc., entre autres, nourrissent en effet des troupes considérables de Squalidiens, parmi lesquels dominent les genres *Carcharias*, *Galeus* et *Zygæna*.

L'ordre des Rajidiens fournit des exemples analogues : les *Pristis,* les grands *Trygon,* certains *Torpedo,* sont uniquement pris dans les fleuves et les marigots tributaires. Ces faits viennent confirmer l'opinion émise par Valenciennes (1) : « Il n'est pas » jusqu'aux Raies (qui semblent être une forme essentiellement » marine) qui n'aient quelques espèces vivant dans les eaux » douces. »

Le silence jusqu'ici gardé sur ces espèces cantonnées en quelque sorte dans les eaux douces de la Sénégambie, ne peut être attribué qu'aux difficultés éprouvées par les voyageurs pour recueillir des animaux souvent de grande taille, peut-être aussi au peu d'attention dont ces espèces sont l'objet; quoi qu'il en soit, elles n'en constituent pas moins une remarquable exception, et nous ne pouvons nous empêcher d'attribuer leur localisation dans ces parages, à la nature même des cours d'eau.

Deux données importantes découlent de l'ensemble des considérations précédentes.

La première démontre: — l'existence sur les côtes de la Sénégambie d'une faune marine spéciale ; — de plus, la communauté de nombreuses espèces avec le bassin Méditerranéen ; — la non-

---

(1) *Dict. Hist. Nat.*, d'Orbigny, t. XI, p. 237, col. 1, art. *Poissons* (2ᵉ édit.).

existence d'une relation quelconque avec les côtes du continent Américain, — et la fréquence sur ces rivages, d'espèces propres aux mers de l'Inde.

La seconde prouve : — que, pour les espèces fluviales, il n'existe point de faune Sénégambienne particulière; — et que l'on doit, dans l'état actuel de nos connaissances, admettre une seule et unique région ichthyologique Africaine.

DESCRIPTION ET ÉNUMÉRATION DES ESPÈCES [1]

DIPNOI Mull.

SIRENOIDEI Gunth.

Fam. **PROTOPTERIDÆ** Gunth.

Gen. **PROTOPTERUS** Ow.

1, PROTOPTERUS ANNECTENS Gray.

Protopterus annectens Gray Batrach. Grad., p. 62.
— Gunth. Cat. Fish. Brit. Mus., t. VIII, p. 322.
— Svg. Faun. Ichth. Ogooë. Nll. Arch. Mus., 1881, p. 15.
Lepidosiren annectens, Owen Proc. Lin. Soc., 1839, p. 27.
— Dum. Poiss. Afr. Occ., p. 261, n° 1.

Tobajh. — Rare dans les localités qu'il habite, mais se rencontre dans tous les cours d'eau d'Afrique : Haut-Sénégal, Podor, Backel, Dagana, Falèmé, Casamence, Gambie, Sierra-Leone, Rio-Nunez, etc., — paraît être plus fréquent dans les lacs du Cayor et de Pagnéfoul.

Castelnau (*Anim. nouv. ou rares, recueillis dans les part. centr. de l'Amér. du Sud.*, p. 104) décrit une peau desséchée rap-

---

(1) La classification que nous avons adoptée, est celle de Gunther *(Catalogue Fishes British Museum)* modifiée d'après le *Traité de Zoologie* de Schmarda et les idées généralement adoptées par les zoologistes.

Nous avons eu soin de faire suivre chaque espèce du nom indigène, toutes les fois que cela nous a été possible. Les noms sont orthographiés d'après le

portée du Sénégal par Adanson sous le nom de *Tobal;* malgré son mauvais état de conservation, il est facile de reconnaître qu'elle appartient à un *P. annectens.*

L'examen des nombreux individus de ces *Protopterus,* réunis au Muséum d'Histoire naturelle, ne fournit point de caractères assez tranchés pour autoriser la création de plusieurs espèces ; nous ne pouvons cependant nous empêcher de partager l'opinion de Castelnau, et de penser qu'une étude minutieuse de ce genre, basée sur des spécimens de diverses provenances Africaines, permettra d'en reconnaître un certain nombre, avec d'autant plus de raison, que, malgré de sérieux travaux, le genre *Protopterus* n'est encore qu'imparfaitement connu.

GANOIDEI Mull.

HOLOSTEI Mull.

Fam. POLYPTERIDÆ Mull.

Gen. POLYPTERUS Geoff.

2. POLYPTERUS BICHIR Geoff.

Polypterus Bichir, Geoff. Bull. Soc. Phil., t. III, p. 97.
— Gunth. Cat. Fish. Br. Mus., t. VIII, p. 326 (*P. Bichir.* var. α
— 18 rayons à la dorsale).

---

mode même de prononciation. Il est bon d'observer que le *j* doit donner un son guttural analogue au *j* espagnol.

Toutes nos déterminations ont été faites dans le Laboratoire d'Herpétologie du Muséum. Nous prions M. le Professeur L. Vaillant de vouloir agréer le témoignage de notre reconnaissance pour sa bienveillance pour nous. Nous adressons également nos remerciements à notre affectueux collègue et confrère M. le docteur Sauvage, avec lequel nous avons longuement étudié nos types, ainsi qu'à MM. Tomino et Braconier, préparateurs au même Laboratoire, dont la complaisance ne nous a jamais fait défaut.

Jhoppe. — Rare : — Sénégal (haut du fleuve), lac de Cayor, lac de Pagnéfoul, Falèmé, chutes de Gouina.

3. **POLYPTERUS LAPRADEI** Stein.

Polypterus Lapradei Steind. Aus. d. LX. Bd. Sitzb. Akad. Wissensch. t. Abth. juni. Heff. Jahrg., 1869. tab. 1, j, 1, t, tab. II j, 1
—   Dum. Ganoid., p. 396.
—   Gunth. Cat. Fish. Brit. Mus., t. VIII, p. 327. (*P. Bichir.* var. γ — 15 rayons à la dorsale.)

Sénégal, Gambie.

4. **POLYPTERUS SENEGALUS** Cuv.

Polypterus Senegalus Cuv., Reg. an.
—   Steind. *loc. cit.* p. 2, tab. 1, fig. 3, 4, 5.
—   Svg. Faune Ichth. Ogooë, *loc. cit.*, p. 15.
—   Dum. Poiss. Afr. Occ., p. 254, n. 163.
—   Gunth. Cat. Fish. Brit. Mus., t. VIII, p. 327. (*P. Bichir.* var. τ — 9 ou 10 rayons à la dorsale.)

Jhoppe. — Assez commun : — marigots de Leybar, de Thionk, des Maringouins, de Saloum, Ile a Morphile, Falèmé, Backel, Podor, Dagana.

Nous avons récolté plusieurs spécimens de cette espèce, atteignant 0,580 de longueur. Les nègres nous ont affirmé qu'à l'époque des basses eaux, il est facile d'en prendre des exemplaires de plus d'un mètre de long; nous n'avons pu vérifier l'exactitude de cette assertion que nous signalons à l'attention des explorateurs.

La teinte générale de cette espèce est vert-pré clair, le ventre blanc argenté; trois lignes vert plus foncé, longitudinales, sur le dos et les flancs; dorsale de même couleur, une macule brune à l'extrémité de chaque rayon; nageoires rosées ; iris jaunâtre.

Le fond de la couleur est toujours le même chez la plupart des autres espèces; des ,taches ou des lignes brunes et noirâtres sont disposées plus ou moins régulièrement sur le corps.

5. POLYPTERUS PALMAS Ayr.

Polypterus Palmas Ayres Proc. Bost. Soc. Nat. Hist., t. III, 1850, p. 181.
— Gunth. Cat. Fish. Br. Mus., t. VIII, p. 327. (*P. Bichir*, var. θ, — 8 rayons à la dorsale.)

Gambie.

CHONDROPTERYGII Cuv.

PLAGIOSTOMATA SELACHOIDEI Dum.

Fam. CARCHARIIDÆ Cuv.

Gen. CARCHARIAS Lin.

6. CARCHARIAS (APRIONODON) ISODON Dum.

Carcharias (Aprionodon) isodon Dum. Elasm., p. 349.
Carcharias punctatus Mitch. *in* Gunth Cat. Fish. Br. Mus., t. VIII, p. 361.

N'jkorou. — Assez commun : — rade de Guet N'Dar, brisants de la pointe de Barbarie, rade de Dakar; — pénétre dans les marigots de Leybar ; — dépasse rarement la taille de 1 mètre 20 cent.

7. CARCHARIAS (PRIONODON) GLAUCUS M. et H.

Carcharias (Prionodon) glaucus Mull. et Henl. Plag., p. 36, pl. II
Carcharias glaucus Cuv. *in* Gunth., Cat. Fish. Br. Mus., t. VIII, p. 365.

Guisjhando. — Commun : — baie d'Argaiu, Dakar, Gorée, Guet N'Dar, Portendik, Joalles, Rufisque, baie de Sainte-Marie.

La coloration des types Africains diffère un peu, sur le vivant, de celle indiquée par les auteurs : d'un beau bleu indigo sur le dos et les nageoires, la base et le sommet des pectorales sont blanchâtres ; le museau et la région orbitaire vert foncé piqueté de bleu ; le ventre blanc portant de petites lignes onduleuses roses disposées horizontalement ; le lobe inférieur de la caudale rougeâtre ; l'iris blanc rougeâtre.

8. CARCHARIAS (PRIONODON) LEUCOS. Dum.

Carcharias (Prionodon) leucos, Dum. Elasm., p. 358.

Dekojh. — Assez commun : —Dakar, cáp Vert, baie de Sainte-Marie, marigot de Saloum.

9. CARCHARIAS (PRIONODON) MELANOPTERUS M. et H.

Carcharias (Prionodon) melanopterus Mull. et Henl., p. 43, pl. 19
        fig. 5.
Carcharias melanopterus Quoy et Gaim. Voy. Uran., p. 194, pl. 43,
        fig. 1-2.
    —   Gunth. Cat. Fish. Brit. Mus., t. VIII, p, 369.

Nilow. — Commun : — marigots de Leybar, des Maringouins, de Thionk.

Teinte gris bleuâtre sur le dos ; ventre gris, ainsi que les nageoires, la pointe de toutes ces dernières d'un noir intense ; iris blanc d'argent.

10. CARCHARIAS (PRIONODON) LIMBATUS M. et H.

Carcharias (Prionodon) limbatus Mull. et Henl., p. 49, tab. 19, fig. 9.
Carcharias limbatus Gunth. Cat. Fish. Brit. Mus., t. VIII, p. 373.

    Cap Vert.

Gen. **GALEOCERDO** M. et H.

11. GALEOCERDO TIGRINUS M. et H.

Galeocerdo tigrinus Mull. et Henl., p. 59, pl. 23.
— Gunth. Cat. Fish. Brit. Mus., t. VIII, p. 378.
— Dum. Elasm., p. 393.

Thiajho. — Rare : — rade de Guet N'Dar ; —Un exemplaire de 3 m. 40, provient du marigot de Thionk.

Cette espèce est identique, comme coloration, à la figure citée de Muller et Henle ; seulement les taches sont plus arrondies et s'étendent moins sur les flancs ; l'iris est jaune doré.

Gen. **GALEUS** Cuv.

12. GALEUS CANIS Cuv.

Galeus Canis, Rond. de Pisc., p. 377.
— Dum. Elasm., p. 390.
— Gunth. Cat. Fish. Brit. Mus., t. VIII, p. 379.

Coulcoull. — Très commun dans tous les marigots, où on le rencontre durant l'année entière. — Rarement pris en rade de Guet N'Dar.

Gen. **ZYGÆNA** Cuv.

13. ZYGÆNA MALLEUS Sch.

Zygæna malleus Schaw. Nat. Misc., pl. 267.
— Gunth. Cat. Fish. Brit. Mus., t. VIII, p. 381.
Sphyrna zygæna, Mull. et Henl., p. 51.
Cestracion zygæna Dum. Elasm., p. 382.

Diarandoÿe. — Excessivement commun : — marigots de Leybar, Thionk, Sorres, où il pullule. — Fréquemment pêché dans le haut

du fleuve ; — plus rare dans la Gambie ; — n'a pas été pris en mer, à
notre connaissance.

14. ZYGÆNA LEEUWENII Griff.

Zygæna Leeuwenii Griffith Cuv. Anim. Kingd., t. X, p. 640, pl. 50.
    —   Dum. Poiss. Afr. Occ., p. 261. nº 4.
Cestracion Leeuwenii, Dum. Elasm., p. 383.

Diarandoye. — Se rencontre en aussi grand nombre que le précédent,
et dans les mêmes localités.

M. Gunther (*loc. cit.*) fait de cette espèce un synonyme du
Z. malleus. Dumeril (*loc. cit.*) indique avec raison un caractère
distinctif constant chez les jeunes comme chez les adultes :
le lobe inférieur de la caudale est dirigé très peu obliquement et
se réunit à angle droit avec le supérieur, au lieu de former,
comme dans le *malleus,* un angle aigu et une sorte de fourche.
Un second caractère que Dumeril néglige, réside dans la forme
de la tête. D'après lui, elle serait semblable à celle du *malleus,*
c'est-à-dire égale à la longueur de la queue et trois fois aussi
large que longue. Chez nos sujets jeunes ou vieux, la tête mesure
la moitié de la longueur de la queue et est seulement deux fois
aussi large que longue.
La coloration, en outre, est complétement différente. Un gris
plus ou moins intense règne sur toutes les parties du *malleus.*
Chez le *Leeuwenii,* nous voyons : parties supérieures bleu noir;
ventre blanc vineux marqué de stries longitudinales onduleuses
et violacées; lobe inférieur de la caudale grisâtre; pectorales
ayant à l'angle interne une large maculature rosée; iris gris.
Adanson, dans son cours d'Histoire naturelle (*loc. cit.*, t. II,
p. 174), dit que le *Marteau zygæna* passe l'été dans la Méditerranée et va hiverner au Sénégal, de septembre en avril; la
présence constante des *Zygæna* dans les eaux du Sénégal,
détruit cette assertion qui n'est établie, du reste, sur aucune
preuve.

15. ZYGÆNA TUDES Cuv.

Zygæna tudes Cuv. Reg. an.
 — Valenc. Mem. Mus., t. IX, p. 225, pl. 12.
 — Gunth. Cat. Fish. Brit. Mus., t. III, p. 382.
Sphyrna tudes Mull. et Henl., p. 53.
Cestracion tudes Dum. Elasm., p. 384.

N'tjoloh. — Assez commun : — Gambie, Casamence ; — remplace dans ces cours d'eau les espèces précédentes.

Gen. MUSTELUS Cuv.

16. MUSTELUS LÆVIS Riss.

Mustelus lævis Riss. Faun. Eur. mer., t. III, p. 127.
 — Dum. Elasm., p. 401, pl. 3, fig. 4-6 (Dents).
 — Gunth. Cat. Fish. Brit. Mus., t. VIII, p. 385.

Guinondou. — Très rare : — pris quelquefois au large : parages du cap Blanc, Portudal, Baie de Tanit.

Fam. LAMNIDÆ Cuv.

Gen. OXYRHINA M. et H.

17. OXYRHINA GOMPHODON M. et H

Oxyrhina gomphodon Mull. et Henl., p. 68, pl. 23.
Oxyrhina punctata Dum. Elasm., p. 409.
Lamna Spallanzanii Bp. *in* Gunth. Cat. Fish. Br. Mus., t. VIII, p. 391.

Endojh. — Assez commun : marigots de Leybar, des Maringouins, de Saloum, Thionk, Dakar-Bango, Gorée, Dakar, Rufisque.

Gen. **CARCHARODON** M. et H.

18. CARCHARODON RONDELETII M. et H.

Carcharodon Rondeletii Mull. et Henl., p. 70.
—   Dum. Elasm., p. 411.
—   Gunth. Cat. Fish. Brit. Mus., t. VIII, p. 392.

Khadjh. — Rare : — pris au large ; — un exemplaire, pêché en rade de Guet N'Dar, mesurait 4 m. 25.

Gen. **ODONTASPIS** Agass.

19. ODONTASPIS TAURUS (Raf.) M. et H.

Odontaspis taurus (Rafinesque) Mull. et Henl., p. 73, pl. 30.
—   Dum. Elasm., p. 417.
Odontaspis Americanus Mitch. Phil. et Lit. Trans. New-York, t. 1,
     p. 483.
—   Gunth. Cat. Fish. Brit. Mus., t. VIII, p. 392.

Semass. — Peu commun : — pris au large en rade de Guet N'Dar ; rarement dans les marigots, où cependant il pénètre quelquefois : Gorée, Dakar, Portendick.

Teinte générale gris rougeâtre, ventre blanc ; le dos et les flancs couverts de lignes onduleuses rouges ; museau et région interorbitaire couverts de points noirs ; iris brun ; dépasse 2 mètres 80.

Fam. **NOTIDANIDÆ** Mull. et Henl.

Gen. **NOTIDANUS** Cuv.

20. NOTIDANUS CINEREUS Cuv.

Notidanus cinereus Cuv. Reg. an.
—   Gunth. Cat. Fish. Brit. Mus., t. VIII. p. 398,

Heptanchus cinereus Mull. et Henl., p. 81, tab. 35, fig. 3, (Dents).
    —   Dum. Elasm., p. 432.

N'gohojh. — Commun dans tous les marigots ; — quelquefois pris au large : — parages du cap Blanc, Portendick, rade de Guet N'Dar.

Fam. **SCYLLIIDÆ** Gunth.

Gen. **GENGLYMOSTOMA** M. et H.

21. GENGLYMOSTOMA CIRRATUM M. et H.

Genglymostoma cirratum Mull. et Henl., p. 28.
    —   Dum. Elasm., p. 334.
    —   Dum. Poiss. Afr. Occ., p. 263, n° 3.

Rare : — Gorée, Rufisque, Joalles.

Fam. **SPINACIDÆ** Gunth.

Gen. **ACANTHIAS** M. et H.

22. ACANTHIAS UYATUS M. et H.

Acanthias uyatus Mull. et Henl., p. 85.
    —   Dum. Elasm., p. 439.
    —   Gunth. Cat. Fish. Brit. Mus., t. VIII, p. 419.

Moumougnor. — Très commun : — Dakar, Gorée, Guet N'Dar, cap Roxo, cap Sainte-Marie, marigots de Saloum, Leybar, etc.; — ne dépasse pas 1 mètre.

Cette espèce est bien distincte de *l'A. vulgaris* Riss. par l'aiguillon engagé presque des 2/3 dans l'épaisseur des téguments de la première dorsale, qui est plus haute; par celui de la deuxième, l'égalant presque en hauteur, et par le sillon longitudinal de chaque côté des aiguillons.

Gen. **ECHINORHINUS** Blainv.

23. ECHINORHINUS SPINOSUS Blainv.

Echinorhinus spinosus Blainv. Faun. fr., p. 66.
—   Mull. et Henl. Plag., p. 96, pl. 60.
—   Dum. Elasm., p. 459.

Moumoujh. — Commun : — sur toute la côte : cap Blanc, Portendick, Guet N'Dar, Dakar, Gorée.

Adanson (*loc. cit.* p. 459) indique également cette espèce comme fréquemment rencontrée dans les mêmes localités que celles où nous la signalons.

Gen. **ISISTIUS** Gill.

24. ISISTIUS BRASILIENSIS Gill.

Isistius Brasiliensis Gill. *in* Gunth. Cat. Fish. Br. Mus., t. VIII,
       p. 429.
Scymnus Brasiliensis Quoy et Gaim. Voy. Uran. Zool., p. 198.
—   Dum. Poiss. Afr. Occ., p. 261, n° 5.

Cap Vert.

PLAGIOSTOMATA BATOIDEI Dum.

Fam. **PRISTIDÆ** Dum.

Gen. **PRISTIS** Lath.

25. PRISTIS PERROTTETI M. et H.

Pristis Perrotteti Mull. et Henl., p. 108.
—   Dum. Elasm., p. 474.

Pristis Perrotteti Gunth, Cat. Fish. Brit. Mus., t. VIII, p. 436.
— Dum. Poiss. Afr. Occ., p. 261, n° 7.

Sayjhne. — Très commun dans le Sénégal et tous les marigots qui en dépendent : Falèmé, Gambie, marigot de Saloum, etc., — atteint fréquemment de 4 à 5 mètres.

26. PRISTIS ANTIQUORUM Lath.

Pristis antiquorum Latham. Trans. Lin. Soc., 1794, t. II, p. 277. pl. 26.
— Gunth. Cat. Fish. Brit. Mus., t. VIII, p. 438.
— Mull. et Henl. Plag., p. 105.
— Dum. Poiss. Afr. Occ., p. 261, n° 6.

Sayjhne. — Très commun dans les mêmes localités que le *P. Perrot, teti*, avec lequel on le rencontre, — et où il atteint une taille aussi considérable.

M. Gunther (*loc. cit.*, p. 437) pense que la différence dans la taille des dents rostrales ne peut servir comme caractère spécifique bien tranché ; s'il est vrai que la longueur des dents rostrales varie suivant l'âge, le nombre de ces dents ne varie pas et est constant dans chaque espèce, chez les sujets très jeunes comme chez les adultes de grande taille. La forme ne varie pas non plus. Fortes, épaisses, à bord antérieur un peu courbé vers son extrémité libre et beaucoup plus mince que le postérieur, ces dents sont creusées d'un sillon, chez les jeunes et les vieux individus du *P. antiquorum* à rostre élargi, épais, qui compte en outre de 16 à 18 paires de dents.

Dans le *P. Perrotteti*, les dents sont fortes, robustes, à bord antérieur droit à son extrémité libre, creusées d'un sillon peu profond, ne régnant pas dans toute la longueur, à rostre moins élargi ; on lui compte de 19 à 20 paires de dents.

27. PRISTIS OCCA Dum.

Pristis occa Dum. Elasm., p. 479.
Pristis pectinatus Lat. *in* Gunth. Cat. Fish. Brit. Mus., t. VIII, p. 437.

Sayjhne. — Commun dans les mêmes localités que les précédentes espèces ; — n'atteint jamais une grande taille ; maximum 2 mètres.

Dumeril (*loc. cit.*) ignorait l'origine de cette espèce; elle se distingue du *P. pectinatus,* à laquelle M. Gunther la rapporte, par ses 24 paires de dents rostrales implantées obliquement par rapport à l'axe du rostre et non perpendiculaires; par la brièveté relative du lobe inférieur de la caudale; par une forme générale plus élancée; la hauteur moins grande de ses dorsales; la forme plus aiguë des pectorales et une taille toujours moindre, quel que soit l'âge des individus.

Fam. **RHINOBATIDÆ** Gunth.

Gen. **RHYNCHOBATUS** Gunth.

28. RHYNCHOBATUS DJEDDENSIS Rupp.

Rhynchobatus Djeddensis Rupp. Atl. Fish., p. 54, tab. 14, fig. 1.
   —   Gunth. Cat. Fish. Brit. Mus., t. VIII, p. 441.
Rhynchobatus lævis Mull. et Henl. Plag., p. 111.
   —   Dum. Elasm., p. 483.

Kloker. — Assez commun : — pointe de Barbarie, dans les brisants, baie d'Argain, cap Vert; — atteint de 2 mètres à 2 mètres 80.

D'après Dumeril (*loc. cit.*) la var. III de Muller et Henle porte un abondant semis de taches blanches disposées le long de la ligne médiane, en bande irrégulière, et semblerait propre à la mer Rouge. Ce mode de coloration est particulier aux jeunes sujets et d'autant plus prononcé que les individus sont moins éloignés de l'époque de leur naissance; l'espèce en outre est incontestablement Sénégambienne.

Gen. **RHINOBATUS** Gunth.

29. RHINOBATUS HALAVI Rupp.

Rhinobatus Halavi Rupp. Atl. Fish., p. 55, tab. 14, fig. 2.
  —   Mull. et Henl. Plag., p. 120.

Rhinobatus Halavi Dum. Elasm., p. 496.

— Gunth. Cat. Fish. Brit. Mus., p. 442.

Gnatjh. — Peu commun : — Gambie, Casamence, à leur embouchure ; baie de Sainte-Marie ; — rencontré très rarement à Dakar.

30. RHINOBATUS CEMICULUS Geoff.

Rhinobatus cemiculus Geoff. St Hil. Descr. Egyp. Poiss., p. 224, pl. 27 fig. 3.

— Mull. et Henl. Plag., p. 118.

— Dum. Elasm., p. 495.

Rhinobatus undulatus Offer. *in* Gunth. Cat. Fish. Brit. Mus., t. VIII, p. 444.

Kioker. — Peu commun : — rade de Dakar, Gorée ; — ne parvient pas à une très grande taille ; de 0,940 à 1 m.

Fam. TORPEDINIDÆ Dum.

Gen. TORPEDO Dum.

31. TORPEDO NIGRA Guich.

Torpedo nigra Guich. Expl. Alger. Poiss., p. 131, pl. 8.

Torpedo hebetans Lowe. Trans. Zool. Soc., 11, p. 195 (1841).

— Gunth. Cat. Fish. Brit. Mus., t. VIII, p. 449.

Toih. — Sénégal, plus spécialement le haut du fleuve ; lac de Paguefoul, marigots du Cayor, Falèmé.

Nous rapportons à cette espèce, les échantillons communément recueillis à Podor, Dagana, Bakel, en tout semblables à ceux décrits par Guichenot : entièrement noirs, sans taches ni marbrures, semés partout d'une multitude de petits points blancs ; sans dentelures au bord des dents.

32. TORPEDO OCULATA Davy.

Torpedo oculata Davy Research., 1, p. 78.
 — Mull. et Henl. Plag., p. 127.
 — Dum. Poiss. Afr. occ., p. 261, n° 8.
Torpedo narce, Riss. *in* Gunth. Cat. Fish. Brit. Mus., t. VIII, p. 449.

Gorée, Rufisque ; — cité par Steindachner, *Loc. cit.*, p. 34.

33. TORPEDO MARMORATA Riss.

Torpedo marmorata Riss. Ichth. Nice, p. 20, pl. 3, fig. 4.
 — Mull. et Henl. Plag., p. 128.
Torpedo trepidans Valenc. Ichth. Canar., p. 101.

Toih. — Peu commun : — rade de Guet N'Dar, cap Blanc, baie d'Argain, cap Mirik.

Les nègres, généralement superstitieux et redoutant les choses qu'ils ne peuvent s'expliquer, ne craignent point cependant les espèces de cette famille, malgré leurs propriétés électriques ; souvent même ils s'en nourrissent.

Fam. **RAJDÆ** Dum.

Gen. **PLATYRHINA** M. et H.

34. PLATYRHINA SCHONLEINII M. et H.

Platyrhina Schönleinii Mull. et Henl., p. 125, tab. 44.
 — Steind. Beitr. Z. Kent. Fish. Afrik. p. 34.
Peu commun : — Gorée ; — cité par Steindachner.

Fam. **TRYGONIDÆ** Dum.

Gen. **UROGYMNUS** M. et H.

35. UROGYMNUS ASPERRIMUS Dum

Urogymnus asperrimus Dum. Elasm., p. 580.
 — Gunth. Cat. Fish. Brit. Mus., t. V, p. 471.

Anacanthus africanus Mull. et Henl. Plag., p. 157.
    —   Dum. Poiss. Afr. occ., p. 261, n° 9.

Golann. —Peu commun :—baie de Gambie, cap Rouge, baie de Sainte-Marie.

Gen. TRYGON Adam.

36. TRYGON THALASSIA Col.

Trygon thalassia Column. Physol., p. 105, tab. 28.
    —   Mull. et Henl. p. 161, 197.
    —   Dum. Elasm., p. 596.

Guaheyam. — Assez commun : — tout le Sénégal et les grands marigots ; — remonte jusqu'à Bakel.

37. TRYGON SPINOSISSIMA Dum.

Trygon spinosissima Dum. Elasm., p. 598.

Guaheyam. — Mêmes localités que le *T. thalassia*, et de plus la Gambie, etc.

Très voisin du *T. thalassia*, le *T. spinosissima* s'en distingue : par son disque à angles faiblement arrondis ; par sa queue plus de deux fois aussi longue que le corps ; par son pli cutané, dont la longueur et la hauteur sont moitié de celui du *thalassia ;* par une plus grande quantité d'aiguillons sur la partie antérieure du disque ; par sa couleur jaunâtre très pâle en dessus, à bords du disque rosés ; par le dessous blanc, strié de gris.

Le tronçon de queue sur lequel Dumeril a pu établir son espèce (provenant de Sierra-Leone, n° 685 *Coll. ichth. Mus. Paris*) mesure 0,880. On voit dans toute la partie supérieure et sur les côtés, une série d'épines coniques, robustes, fortement canaliculées, à base élargie, d'un brun pâle, à pointe acérée blanchâtre, d'une hauteur moyenne de 0,013. Toute la surface comprise entre ces épines (éparses et en assez petit nombre, si on les compare à celles du *thalassia*) (n° 683 *Coll. ichth. Mus. Paris*), isolées sans ordre ou réunies par trois ou quatre, est couverte d'autres épines de 0,001 à 0,003 de hauteur, à sommet tronqué et émaillé ; un certain nombre d'autres épines semblables aux grandes, mais plus petites, sont çà et là au milieu des précédentes.

Nos deux *Trygon* Africains parviennent à une taille considérable : nous en avons observé quelques-uns de 4 mètres de haut sur 2 mètres de large ; la queue mesurait en outre 1 mètre 640. Nous n'avons pas d'exemple d'individus pris en mer. Ces deux espèces semblent localisées dans le fleuve. Très recherchées des nègres, elles sont d'une capture assez difficile ; ils les mangent rarement, mais les pêchent pour obtenir les queues, dont les Ouoloffs font des cannes, après les avoir séchées et grossièrement polies.

38. TRYGON MARGARITA Gunth.

Trygon margarita Gunth. Cat. Fish. Br. Mus., t. VIII, p. 479.

N'gothol. — Commun sur les plages sablonneuses et les brisants : Guet N'Dar, Babagaye, banc d'Argain, Gorée, Dakar. — Très estimé ; — vendu aux Européens sous le nom de Raie.

C'est bien l'espèce décrite par M. Gunther et caractérisée : *a single large round tubercle, like a pearl, in the centre of the back.*

Gen. PTEROPLATEA M. et H.

39. PTEROPLATEA VAILLANTII Rochbr.

Pl. II, Fig. 1, 2, 3.

Pteroplatea Vaillantii. — Rochbr. Bull. Soc. Phil. Paris, 22 mai 1880.

P. — CORPUS VALDE DEPRESSUM, TRANSVERSE 2 LATIUS QUAM LONGUM, ANTICE AD MARGINES BICONCAVUM, POSTICE SUBRECTUM, OBLIQUATUM ; SUBFLAVO AURANTIACUM, MACULIS PRASINIS MARMORATUM, INFERNE ROSEUM ; IRIS AURANTIACA ; PINNÆ PECTORALES ELLIPTICÆ ACUTÆ ; PINNÆ ANALES ROTUNDATÆ ; CAUDA BREVISSIMA PINNIS DESTITUTA ; SPINÆ 2 LONGITUDINEM CAUDÆ ÆQUANTES, CANNALICULATÆ, DENTICULISQUE ARMATÆ ; DENTES TRICUSPIDES, DENTICULO CENTRALI MINORE.

♂. — LONG. 1ᵐ. LAT. 2ᵐ.

Diegland. — Rare : — espèce propre au fleuve; capturée en dedans de la barre du Sénégal, par huit brasses de profondeur sur fond de vase ; — remonte jusqu'à Medine ; — marigots de Thionk, des Maringouins.

Hauteur du disque comprise 2 fois dans la largeur; bords antérieurs courbes, concaves au milieu; bords postérieurs droits, se touchant presque au niveau de la queue; proéminence du museau presque nulle; pectorales allongées, elliptiques aiguës; queue très courte, contenue 4 fois dans la hauteur du disque et 8 fois dans sa largeur, nue en dessus et en dessous, sans plis cutanés; deux épines caudales égales entre elles et à la longueur de la queue, fortes, larges, canaliculées longitudinalement, dentelées, à dentelures profondes et acérées; espace interorbitaire compris 8 fois dans la hauteur du disque, celui-ci faiblement rugueux au centre; dents tricuspides, à pointe médiane aussi longue que les latérales; un tentacule très petit aux évents.

Teinte générale jaunâtre en dessus, passant à l'orangé à la pointe des pectorales, couverte de maculatures d'un beau vert donnant à toute cette région un aspect finement marbré; centre du disque plus foncé; queue brune; aiguillons rosés, à dentelures et à sillons noirâtres; nageoires anales d'un rouge vineux; dessous blanc rosé; iris orangé.

Distinct des autres espèces du genre *Pteroplatea*, le *P. Vaillantii* se rapproche cependant du *P. japonica* Schl. par les bords antérieurs du disque concaves au milieu, et sa queue sans plis cutanés; mais il s'en éloigne par l'acuité de ses pectorales, la présence de tentacules aux évents, son museau à proéminence presque nulle, sa queue plus courte et son mode de coloration; il se distingue de toutes par sa dentition. (1)

Le *P. Vaillantii* atteint une taille considérable : nous en avons vu deux individus de plus de 4 mètres de large; c'est, avec les *Trygon thalassia et spinosissima*, le plus grand Rajidien de la Sénégambie; comme les *Trygon*, il paraît également spécial au fleuve.

---

(1) Voir pour les différences de dentition : Pl. II, fig. 4, *Pteroplatea Japonica* Schl. — fig. 5, *P. Canariensis.* Valenc.

Fam. **MYLIOBATIDÆ** Dum.

Gen. **MYLIOBATIS** Dum.

40. MYLIOBATIS BOVINA Geoff.

Myliobatis bovina Geoff. St-Hil. Descr. Egyp. Poiss., p. 323, pl. 26, f. 1.
— Gunth. Cat. Fish. Brit. Mus., t. VIII, p. 490.
Myliobatis episcopus Valenc. Ichth. Canar., p. 98, pl. 24.

Dioulen. — Peu commun : — cap Blanc, cap Mirick, baie d'Argain. de Tanit.

Gen. **ÆTOBATIS** M. et H.

41. ÆTOBATIS FLAGELLUM M. et H.

Ætobatis flagellum Mull. et Henl., p. 180.
— Dum. Elasm., p. 642.
Ætobatis Narinari Mull. et Henl. *in* Gunth. Cat. Fish. Brit. Mus.,
t. VIII, p. 492.

Dianouetz. — Assez rare : — En rade de Guet N'Dar, pointe de Barbarie ; — se plaît dans les brisants.

D'un violet foncé passant au rouge vineux sur les angles externes du disque, qui est d'un vert sombre, et à iris orangé, nos *Ætobatis,* dont l'un mesure 0,340 de long sur 0,720 de large, diffèrent de ceux décrits par Dumeril (*loc. cit.*) par le centre du disque, et la tête fortement rugueuse. Comme chez les types de cet auteur, la queue est également rugueuse, mais dans toute son étendue (1 mètre 07) et non pas seulement à la région supérieure.

42. ÆTOBATIS LATIROSTRIS A. Dum.

Ætobatis latirostris Dum., Poiss. Afr. occ., p. 242, pl. XX, f. 1,
p. 261, n° 10.
Ætobatis Narinari Mull. et Henl. *in* Gunth., Cat. Fish. Brit. Mus.,
t. VIII, p. 429.

Impogo. — Peu commun : — cap Roxo, baie de Gambie, cap Ste-Marie.

Gen. **RHINOPTERA** Kuhl.

43. RHINOPTERA PELI Bleck.

Rhinoptera Peli Bleck. Poiss. Guin., p. 18, pl. 1.
    —   Dum. Elasm., p. 646.

Bindan. — Assez commun : — Gorée, Dakar, Joalles, Rufisque.

44. RHINOPTERA JAVANICA M. et H.

Rhinoptera javanica Mull. et Henl. Plag., p. 182, pl. 58.
    —   Gunth., Cat. Fish. Br. Mus., t. VIII, p. 494.
    —   Dum. Elasm., p. 647, et Poiss. Afr. occ., p. 261, n° 11.

Bindan. — Mêmes localités que le *R. Peli,* avec lequel on le rencontre.

Dumeril (*Elasm. loc. cit.*) indique le *R. Peli* de Gorée d'après un jeune individu envoyé par M. Rang, tandis que dans son Mémoire sur les poissons de la Côte occidentale d'Afrique, c'est le *R. javanica* qu'il cite de cette localité. Cette divergence d'indications nous avait fait supposer que l'une seulement des deux espèces habitait les côtes d'Afrique et que le *R. javanica* devait être écarté de nos listes ; mais un examen de la dentition des sujets nous a pleinement convaincu que ces deux espèces de *Rhinoptera* devaient être maintenues, car nous trouvons bien les plaques dentaires des deux mâchoires avec 9 rangées longitudinales pour la première espèce, et 7 rangées pour la seconde, ainsi que l'indique Dumeril (*lot. cit.*).

Fam. **CEPHALOPTERÆ** Dum.

Gen. **CEPHALOPTERA** Dum.

45. CEPHALOPTERA GIORNA Riss.

Cephaloptera giorna Riss. Ichth. Nice, p. 14.
    —   Dum. Elasm., p. 653.
    —   Valenc. Ichth. Canar., p. 97, pl. XXII.
Dicerobatis giorna Gunth. Cat. Fish. Br. Mus., t. VIII, p. 496,

Niave. — Rare : — baie du cap Blanc, cap Mirick, quelquefois rade de Guet N'Dar, dans les brisants.

Cette espèce, d'une taille souvent très forte, est estimée des nègres et vendue très cher aux Européens qui la connaissent sous le nom de Raie ; c'est le seul Rajidien qui, avec le *Trygon margarita* et l'espèce suivante, soit mangé sur la Côte occidentale d'Afrique.

46. CEPHALOPTERA ROCHEBRUNEI Vaill.

Pl. I, fig. 1, 2.

Cephaloptera Rochebrunei Vaill. Bull. Soc. Phil. Paris, 1879.
(Séance du 17 mai), p. 171.

Niave. — Très rare : — pêché sur la côte de Guet N'Dar et dans les brisants de la pointe de Barbarie.

M. le professeur Vaillant, que nous remercions d'avoir bien voulu nous dédier cette espèce, la décrit ainsi d'après l'unique échantillon que nous avons rapporté du Sénégal :

« Pectorales, mesurées depuis leur origine derrière l'œil jusqu'à leur angle postérieur, à très peu près égales à la hauteur de la longueur de la moitié du disque, se terminant en angle aigu extérieurement ; bord antérieur largement convexe, bord postérieur concave ; dents petites, larges de $0^m,001$, à bord postérieur fortement dentelé, présentant deux ou trois pointes principales ne mesurant pas moins du tiers de la largeur, et parfois une petite pointe accessoire de chaque côté ; ces dents, régulièrement disposées en quinconce, et occupant la moitié centrale des cartilages tant supérieur qu'inférieur, comptent une cinquantaine de rangées transversales et une dizaine en profondeur ; tégument sans scutelles appréciables ; queue inerme, portant à son origine une courte nageoire dorsale ; sa longueur, autant qu'on en peut juger, très peu supérieure au disque (elle est brisée, mais, semble-t-il, à une petite distance de son extrémité).

» Tout le disque est, à la partie dorsale, d'un bleu d'outre-mer foncé avec une teinte rousse suivant une bande médiane, ovalairement élargie en avant, bande qui occupe les trois quarts postérieurs du disque; les nageoires ventrales et les appendices copulateurs (l'individu est ♂) sont de cette même teinte rousse qui s'étend sous la queue, dont les parties supérieures et latérales sont foncées, noires; partie infero-externe des prolongements céphaliques d'un bleu pur; iris jaune d'or.

» La longueur du disque, mesurée du bord du museau à l'origine de la nageoire dorsale, est de 0,56; la largeur extrême de 1,09; la partie restante de la caudale mesure 0,49.

» Le *Cephaloptera Rochebrunei* Vaill. se distingue nettement par ses dents de ses congénères; chez les *Cephaloptera giorna* Lacep. et *C. Olfersii* Mull., ces organes, cordiformes ou triangulaires à côtés cintrés, sont sensiblement d'égales dimensions en largeur et en longueur; chez les *C. Kuhlii*, M. et H., *C. monstrosum*, Klunz., *C. Draco*, Gth., et *C. Eregodoo*, Cant., la largeur l'emporte notablement sur la dimension antero-postérieure; le bord dirigé du côté de la cavité buccale est droit et tranchant, dans les trois premières espèces, festonné ou légèrement denticulé dans la quatrième; c'est donc celle-ci qui se rapprocherait jusqu'à un certain point le plus du *C. Rochebrunei*, mais les dents sont plus petites proportionellement, puisqu'il y a 80 à 95 rangées au lieu de 50; de plus ces festons mousses ne sont pas comparables aux pointes aiguës coniques, si nettement accusées dans cette espèce (1).

» Le *C. Rochebrunei*, très rare comme nous l'avons dit, se plaît dans les brisants; les nègres ne le mangent jamais et le considèrent comme un animal nuisible. »

---

(1) Voir pour les différences de dentition : Pl. I fig. 3, *Cephaloptera giorna*. Cuv. — fig. 4, *C. Draco* M. et H. — fig. 5, *C. Eregodoo*. Dum.

TELEOSTEI Mull.

ACANTHOPTERYGII Mull.

Fam. BERYCIDÆ Lowe.

Gen. HOLOCENTRUM Arted.

47. HOLOCENTRUM HASTATUM C. V.

Holocentrum hastatum C. V. Hist. nat. Poiss., t. III, p. 208, t. VII,
       p. 499, pl. 5.
    —   Gunth., Cat. Fish. Brit. Mus., t. I, p. 39.
    —   Dum. Poiss. Afr. occ., p. 268, n° 38.

Sjhojho. — |Assez rare : — se rencontre sur la côte, de Saint-Louis à
Gorée, où il habite de préférence les parages à fond de rochers ; —
remonte parfois l'embouchure du fleuve ; — péché en juin et juillet ;
— très estimé des nègres.

Fam. PERCIDÆ Ow.

Gen. LABRAX Cuv.

48. LABRAX LUPUS Lacep.

Labrax lupus C. V. Hist. nat., Poiss., t. II, p. 56.
    —   Gunth. Ann. and Mag. nat. Hist., t. XII, p. 174.
    —   Valenc. Ichth. Canar., p. 5.
    —   Dum. Poiss. Afr. occ., p. 261, n° 24.

Coubajh. — Cap Vert, Saint-Louis, Gorée, banc d'Argain, rade de
Guet N'Dar, Dakar ; — dépasse parfois 1ᵐ de longueur ; — très recherché comme aliment ; — les plus grands individus sont généralement péchés au large.

49. LABRAX PUNCTATUS (Bloch) Gunth.

Labrax punctatus Gunth. Ann. and. Mag. nat. Hist., t. XII, p. 174.
      Steind. Ichth. Ber. über. eine nache. Akad. Wien. 1867, p. 607.
      — Steind. Fish. des. Sénég. Acad. Weissen. 1869. p. 3.

Labrax lupus C. V. Hist. nat. Poiss., t. II, p. 56.
      —   Valenc., Ichth. Canar., p. 5.
Sciana punctata Bloch. Naturg. ausl. Fish., v. p. 64, tab. 305.

Goubajh. — Cap Vert, Gorée, rade de Dakar, rade de Guet N'Dar, Saint-Louis ; — très estimé ; — atteint comme le précédent 1^m de long.

Ces deux espèces de *Labrax*, caractérisées par la disposition des *dents vomériennes* décrites par M. Gunther (*loc. cit.*), d'après les observations fournies par M. Barboza du Bocage, directeur du Musée de Lisbonne, sont propres à la Méditerranée ainsi qu'à toutes les mers occidentales d'Europe (Vaillant, *Sur la distr. géogr. des Percina, Compt. rend. Acad. Sc. 18 novembre* 1872) ; elles sont communes sur les côtes de la Sénégambie, où on les pêche par 20 brasses de profondeur, sur fond de galets. L'assertion de M. Steindachner, qui leur assigne pour habitat les eaux saumâtres, et, pendant la saison sèche, les marigots bien au-dessus de Saint-Louis, ne peut être acceptée, car on les y chercherait vainement, surtout à une époque où les eaux du Sénégal et des marigots qui en dépendent, ne renferment aucune des grandes espèces marines, dont l'apparition a lieu seulement à l'époque des pluies de l'hivernage.

Gen. LATES Cuv.

50. LATES NILOTICUS Lin (Spec.)

Lates niloticus C. V. Hist. nat. Poiss.; t. II, p. 89, t. III, p. 490.
      —   Steind. Fish. des. Sénég., p. 4, tab. 1.
      —   Gunth. Cat. Fish. Brit. Mus., t. I, p. 67.
      —   Dum. Poiss. Afr. occ., p. 261, n° 25.

Kompaye. — Se trouve sur tout le cours du Sénégal, Podor, Dagana , Gambie, Falèmé à son embouchure avec le Sénégal; marigots de Leybar, Thionk ; Casamence ; marigot de Saloum.

Le nom de *Ghièneveche,* que Cuvier (*loc. cit.*) donne à cette espèce d'après les renseignements fournis par le gouverneur Jubelin, et qu'il considère comme une altération du mot *Kescher* par lequel les Arabes désignent les *Lates* du Nil, est inconnu des Ouoloffs et ne mérite pas d'être conservé. Les maures Trarzas de la rive droite emploient eux-mêmes le nom de *Kompaye* pour désigner le *Lates niloticus.*

Gen. **APSILUS** C. V.

51. APSILUS FUSCUS c. v,

Apsilus fuscus C. V. Hist. nat. Poiss., t. VI, p. 549, pl. 168. *b.*
— Gunth. Cat. Fish. Brit. Mus., t. 1, p. 82.
— Dum. Poiss. Afr. occ., p. 262, n° 27.

Porto-Praya, S.-Iago, cap Vert.

Gen. **SERRANUS** Cuv.

52. SERRANUS NIGRI Gunth.

Serranus nigri Gunth. Cat. Fish. Brit. Mus., t. I, p. 112.
Epinephelus nigri Bleck. Poiss. Guin., p. 45.

Lajoojh. — Casamence, Falèmé; très rare à Gorée et à Dakar, où il atteint 0,350 de long.

53. SERRANUS PAPILIONACEUS C. V.

Serranus papilionaceus C. V. Hist. nat. Poiss., t. VIII, p. 471. Supp.
— Valenc. Ichth. Canar., p. 7.
— Gunth. Cat. Fish. Brit. Mus., t. I, p. 114.
— Dum. Poiss. Afr. occ., p. 261, n° 26.
Serranus cyanostigma K. et V. H. *in* Dum. Poiss. Afr. occ., p. 261,
n° 30.

Djentiacher. — Cap Blanc, cap Vert, Gorée, banc d'Argain, rade de Dakar, Guet N'Dar ; — les nègres le rejettent lorsqu'ils l'ont pris dans leurs filets ou à la ligne, le considérant comme toxique ; — se rencontre par troupes, en septembre et octobre. — M. Bouvier a bien voulu nous communiquer une belle série de cette espèce, recueillie par lui au cap Vert.

Une grande ressemblance existant entre les *Serranus papilionaceus* et *cyanostigma*, de faux renseignements ont pu seuls induire Dumeril en erreur et lui faire inscrire le *S. cyanosigma* dans son Catalogue des Poissons de la Côte occidentale d'Afrique comme provenant de Gorée.

Le *cyanostigma* K. et V. H., décrit par Cuvier (*loc. cit.*, t. II p. 350), est une espèce Asiatique propre aux mers de Java, qui ne peut être aujourd'hui maintenue sur les listes des espèces Africaines.

54. SERRANUS LINEO-OCELLATUS Guich.

Serranus lineo-ocellatus Guich. *in* Dum. Poiss. Afr. occ., p. 244-261, nº 31.

Sopajhane. — Assez fréquent sur les plages rocheuses : Gorée, Dakar, Saint-Louis, Portendick ; — est rarement pêché par les nègres ; — juillet et août.

Le mode de coloration de ce Serran diffère notablement de celui décrit par Dumeril (*loc. cit.*, p. 223). Un individu de 0.200, comme le type de Dumeril, offre une teinte brun bleuâtre, foncée à la partie supérieure, argentée sous le ventre : de chaque côté sept bandes verticales larges, également brun bleuâtre, sont couvertes de points arrondis d'un rouge vermillon ; l'intervalle entre les bandes est sans taches ; les nageoires rougeâtres, sont, ainsi que le préopercule, tachetées de points rouges ; l'iris est blanc.

55. SERRANUS OUATALIBI C. V.

Serranus ouatalibi C. V. Hist. nat. Poiss., t. II, p. 381.
— Gunth. Cat. Fish. Brit. Mus., t. I, p. 120.

Cap Vert.

56. SERRANUS TÆNIOPS c. v.

Serranus tæniops C. V. Hist. nat. Poiss., t. II, p. 370.
—   Gunth. Cat. Fish. Brit. Mus., t. I, p. 121.
—   Dum. Poiss. Afr. occ., p. 261, n° 32.

Dojh. — S.-Iago, Porto-Praya, Gorée; — assez commun en juin et juillet.

57. SERRANUS GIGAS Brünn.

Serranus gigas C. V. Hist. nat. Poiss., t. II, p. 270.
—   Gunth. Cat. Fish. Mus., t. I, p. 132.

Dialajhk. — Rare : — habite les rochers : Saint-Louis, Gorée, Dakar ; — pêché en septembre ; — dépasse rarement 0,600.

Cuvier (*loc. cit.*) donne plusieurs variétés de coloration du *S. gigas*, d'après différents auteurs. Un spécimen de 0,630 recueilli à Dakar, se rapproche de la description de Duhamel (*in* V. C. *loc. cit.*). Les teintes sont ainsi réparties : dos brun rougeâtre foncé ; flancs orangés, ainsi que le préopercule ; ventre gris argenté ; dorsale d'un rouge vineux, à rayons plus clairs, ainsi que les pectorales ; anale et caudale brunes à rayons noirâtres ; iris jaune clair.

58. SERRANUS FIMBRIATUS Lowe.

Serranus fimbriatus Lowe Trans. Cambr. Phil. Soc., 1836, p. 195, pl. 1.
—   Valenc. Icth. Canar., p. 8.
Serranus gigas Gunth. Cat. Fish. Brit. Mus., t. I, p. 132.

Domm Dojhe. — Peu commun : — pointe de Barbarie, cap Blanc et la côte jusqu'à Saint-Louis, Rufisque, cap Mirick, baie de Tanit, Almadies.

Cette espèce, très voisine du *S. gigas*, ainsi que l'observe Valenciennes, et que M. Gunther lui a réunie, s'en distingue nettement par son mode de coloration, presque identique à celui figuré par Lowe. Un spécimen de Guet N'Dar présente une teinte générale rouge brun clair, sans gros points jaunes sur tout le corps ; le ventre est blanc, faiblement maculé de gris ; la caudale est rougeâtre ; l'anale, d'un gris verdàtre ; la ligne latérale brune ; l'iris blanc ; il mesure 0,400.

59. SERRANUS GOREENSIS c. v.

Serranus Goreensis C. V. Hist. nat. Poiss., t. VI, p. 511.
—   Gunth. Cat. Fish. Brit. Mus., t. I, p. 133.
—   Dum. Poiss. Afr. occ., p. 261, n° 28.
—   Steind. Beit. Kennt. Fish. Afrik., p, 6.

Dialakar. — Fréquemment pêché à Gorée, Dakar ; rare au cap Vert ; rade de Guet N'Dar, par 12 à 14 brasses ; — très estimé des Ouoloffs.

D'une couleur générale violacée, cette espèce a les flancs orangés, le ventre légèrement jaunâtre, et porte sur tout le corps des maculatures nuageuses blanches ; la dorsale, d'un gris sale, présente sur son bord libre une bande d'un violet brun ; l'anale, teintée comme la précédente, a également comme elle des rayons d'un beau rouge ; les pectorales rougeâtres sont lavées de violet ; la caudale, brune à rayons rouges ; l'iris est blanc ; la pupille noire excessivement large. L'animal atteint souvent 0,780.

60. SERRANUS FUSCUS Lowe.

Serranus fuscus Lowe. Trans. Cambr. Phil. Soc., 1838, p. 196.
—   Valenc. Ichth. Canar., p. 9.
—   Gunth. Cat. Fish. Brit. Mus., t. I, p. 134.

Tioff. — Assez commun : — cette espèce est pêchée en février et mars ; elle habite de préférence les brisants et les anses où la mer est agitée : rade de Guet N'Dar, pointe de Barbarie ; commune au banc d'Argain ; — elle atteint souvent 0,800.

Valenciennes donne au *S. fuscus* une couleur brune sur le dos, pâle sur le ventre : cette partie, dit-il, a de nombreuses lignes tortueuses qui font de larges circonvolutions. Plusieurs sujets de forte taille nous permettent de compléter cette description et de donner la distribution exacte des couleurs qui, dans cette espèce, sont éminemment caractéristiques.

Sur un fond d'un bistre clair, plus foncé vers le dos, règnent, de chaque côté, quatre larges bandes verticales brunes; le ventre est blanc; tout le corps est couvert de maculatures brunes; de la partie postérieure de l'œil, à pupille blanche rosée, partent quatre lignes sinueuses bleues, serpentant le long des flancs et allant aboutir à l'insertion de la caudale; la nageoire dorsale bistre est maculée de brun; la caudale est brune; l'anale, rougeâtre; les pectorales, brunes dans leur première moitié supérieure, sont inférieurement teintées de jaune et de rouge pâle.

61. SERRANUS ÆNEUS G. S. H.

Serranus æneus C. V. Hist. nat. Poiss., t. II, p. 283.
—   Dum. Poiss. Afr. occ., p. 261, n° 29.
—   Steind. Beit. Kennt. Fish. Afrik., n° 5.

Jhouth. — Peu commun : — pêché au large : rare à Gorée et à Dakar, plus fréquent dans les parages du cap Blanc; — vient quelquefois jusqu'aux brisants près de la barre du Sénégal; — juillet-août; — atteint jusqu'à 0,750.

Le *S. æneus* est d'un brun métallique, plus sombre sur le dos; huit à neuf bandes d'un brun noirâtre se montrent de chaque coté et ne dépassent que faiblement la ligne latérale ; le ventre est blanc légèrement nuagé de brun, avec un pointillé de couleur plus foncée; dorsale blanc grisâtre à rayons bruns portant au sommet quatre lignes de points également bruns; pectorales et anale d'un gris lavé de rose; caudale brune à rayons rougeâtres; iris blanc rosé.

62. SERRANUS ACUTIROSTRIS C. V.

Serranus acutirostris C. V. Hist. nat. Poiss., t. II, p. 286, t. IX, p. 432.
—   Valenc. Ichth. Canar., p. 11, pl. 3, fig. 1.
—   Gunth. Cat. Fish. Brit. Mus., t. I, p. 135.

Lourr. — Mêmes localités que l'espèce précédente ; — parvient à une taille de 0,450 ; — très rarement mangé par les nègres ; — octobre-novembre.

Gen. **RHYPTICUS** C. V.

63. **RHYPTICUS SAPONACEUS** c. v.

Rhypticus saponaceus C. V. Hist. nat. Poiss., t. III, p. 63.
— Gunth. Cat. Fish. Brit. Mus., t. I, p. 172.

Rapporté du cap Vert par Quoy et Gaimard.

Gen. **LUTJANUS** Bloch.

64. **LUTJANUS DENTATUS** Dum. (1)

Mesoprion dentatus Dum. Poiss. Afr. occ., p. 245-261, nᵘ 35, *(non* Gunth. Cat. Fish. Brit. Mus., t. I, p. 188.)
Apsilus dentatus Guich. *in* Ramon de la Sagra Hist. Poiss. Cuba, p. 20, pl. 1, fig. 2.)

Dienoüjher Diejch. — Généralement pêché dans les eaux saumâtres : Saint-Louis, Dakarbango, Leybar ; plus rarement en mer : Gorée, Babagaye, Dakar ; — très estimé ; — octobre-novembre.

Le *Mesoprion dentatus* de M. Gunther (*loc. cit.*), établi sur l'*Apsilus dentatus* Guich. (*loc. cit.*), n'a aucune affinité avec le *Mesoprion dentatus* de Dumeril. Le savant professeur connaissait l'*Apsilus* de son aide-naturaliste, et cependant qualifiait du même nom spécifique l'espèce de Gorée ; preuve qu'elle appartient à un genre différent.

M. Gunther qui, lui aussi, adopte les deux genres (*loc. cit.*, 1, p. 82 et p. 184), semble en méconnaître le caractère, en faisant

---

(1) A l'exemple de M. le prof. L. Vaillant (*Mission Sc. au Mex. et dans l'Am. cent; Etudes sur les Poissons; — publié sous les auspices du Ministre de l'Inst. Publ.*), nous adoptons le genre *Lutjanus* Bloch, comme étant des plus naturels, antérieur au genre *Mesoprion* et admis par Cuvier dans la 1ʳᵉ édit. du Règne animal.

passer de l'un à l'autre le type de Guichenot, sans donner les motifs qui l'ont conduit à opérer ce changement.

Quoi qu'il en soit, les *M. dentatus* Gunth. et *M. dentatus* Dum. font double emploi, et il devient nécessaire de rayer du Catalogue ichthyologique le *M. dentatus* Gunth. en conservant l'*Aprion dentatus* Guich., qui est antérieur de quatorze ans.

Dumeril dit de son système de coloration qu'il ne présente rien de particulier et qu'il ressemble au *M. Gorecnsis* C. V. Un individu de 0,550 nous a offert quelques différences que nous croyons devoir noter.

Comme ce dernier, le dessus de la tête et le dos sont brun mordoré, mais sans aucune teinte jaune à la partie postérieure; les flancs sont d'un jaune rougeâtre; la dorsale bleu violacé à rayons plus foncés et non pas jaune orangé; les ventrales et l'anale rouge lavé de violet; les pectorales semblables, avec une tache bleue à la base; l'iris blanc jaunâtre.

65. LUTJANUS JOCU C. V.

Mesoprion jocu C. V. Hist. nat. Poiss., t. II, p. 466.
Mesoprion griseus C. V. Hist. nat. Poiss., t. II, p. 469.
    —   Gunth. Cat. Fish. Brit. Mus., t. I, p, 194.
Mesoprion Gorcensis C. V. Hist. nat. Poiss., t. VI, p. 540.
    —   Dum. Poiss. Afr. occ., p. 245-261, n° 34.
Mesoprion retrospinis C. V. Hist. nat. Poiss., t. VI, p. 541.
    —   Dum. Poiss. Afr. occ., p. 261, n° 36.
Lutjanus Guineensis Blck. Poiss. Guin., p. 46, tab. X, fig. 1.

Ourejh. — Assez commun : — mêmes parages que l'espèce précédente ; — octobre-novembre.

M. Gunther réunit, sous le nom de *M. griseus* C. V., la plupart des espèces citées à la synonymie précédente. M. le professeur Vaillant, dans le classement des nombreux spécimens faisant partie des collections ichthyologiques du Muséum, a été conduit à les réunir au *M. jocu* C. V. L'examen des sujets frais démontre la justesse de ce classement, en permettant de suivre les transitions qui lient entre elles des espèces jusqu'ici considérées comme distinctes.

Sous cette même dénomination doit rentrer le *Lutjanus Gui-neensis* de Blecker, presque identique à la variété *Goreensis*, comme du reste il le supposait lui-même.

Un échantillon de 0,750 diffère notablement par ses couleurs de ceux étudiés par Cuvier.

Sa teinte générale est brun rouge brillant; le ventre, rose pâle, porte une série de petites lignes longitudinales bleues; sur l'opercule et le préopercule existent de larges taches nuageuses bleuâtres; la dorsale, d'un beau rose, à rayons bruns, présente, à la base de sa portion molle, une large bande brune, maculée de bleu; l'anale et la caudale, également roses, ont leurs rayons marqués de points bleus espacés; les ventrales sont vermillon vif; l'iris, blanc bleuâtre.

66. LUTJANUS FULGENS C. V.

Mesoprion fulgens C. V. Hist. nat. Poiss., t V, p. 539.
— Dum. Poiss. Afr. occ., p. 261, n° 33.

Diabarrjh. — Assez rare; — se pêche au large, par vingt brasses de profondeur; approche quelquefois des brisants : Portendik, cap Vert, Gorée, pointe de Barbarie; — octobre-novembre.

67. LUTJANUS EUTACTUS Bleck.

Lutjanus eutactus Bleck. Poiss. Guin., p. 51, tab. XI, fig. 2.

Iuhle. — Gorée, Portendik, baie de Sainte-Marie, cap Verga, Almadies, cap Manuel, baie d'Angel.

68. LUTJANUS AGENNES Bleck.

Lutjanus agennes Bleck. Poiss. Guin., p. 51, tab. IX, fig. 1.

Iahle. — Mêmes localités que l'espèce précédente; — péchées au large, par 25 brasses de profondeur, ces deux espèces sont assez communes en septembre et octobre, mais peu estimées.

Les *L. eutactus* et *agennes*, qui atteignent jusqu'à 0,815 de longueur, sont identiques par leur coloration aux spécimens décrits par Blecker. Les deux figures données par cet auteur ne correspondent nullement aux descriptions.

69. LUTJANUS MALTZANI Steind.

Lutjanus Maltzani Steind. Beit. Kennt. Fish. Afrik., p. 7.

Indiqué comme rare par Steindachner : — Rufisque, Gorée.

Gen. PRIACANTHUS C. V.

70. PRIACANTHUS MACROPHTHALMUS C. V.

Priacanthus macrophthalmus C. V. Hist. nat. Poiss., t.   , p.   .
—   Steind. Beit. Kennt. Fish. Afrik. p. 8.

Côte de Sénégambie (*Teste* Steindachner).

Fam. PRISTIPOMATIDÆ Cuv.

Gen. PRISTIPOMA Cuv.

71. PRISTIPOMA JUBELINI C. V.

Pristipoma Jubelini C. V. Hist. nat. Poiss., t. V, p. 250.
—   Bleck. Poiss. Guin., p. 54, t. XIII, fig. 2.
—   Steind. Fish. Des. Sénég., p. 7, tab. II.
—   Dum. Poiss. Afr. occ., p. 262, nº 51.

Korojhne. — Assez commun ; — se pêche au large : rade de Guet N'Dar, Gorée, Dakar, cap Manuel ; — août-septembre.

Rapporté de Gorée par Adanson, sous le nom de *Coroi.*

Les individus que nous avons recueillis (de 0,300 de long), diffèrent par leur coloration des sujets décrits par Blecker et provenant des côtes de Guinée.

Sur un fond vert olive, plus foncé vers le dos, des maculatures verdâtres forment une série de lignes parallèles, s'arrêtant au niveau des flancs; le ventre est blanc argenté jaunâtre; la dorsale blanc verdâtre, avec une série de taches plus foncées; l'anale rosée; les pectorales verdâtres; l'iris blanc.

72. PRISTIPOMA ROGERI C. V.

Pristipoma Rogeri C. V. Hist. nat. Poiss., t. V, p. 254.
    —   Gunth. Cat. Fish. Brit. Mus., t. I, p. 298.
    —   Steind. Fish. Des. Sénég., p. 12, tab. 4.

Iaohl. — Se tient généralement au large : Gorée, Dakar, cap Vert; — octobre-novembre.

73. PRISTIPOMA BENNETTII Lowe.

Pristipoma Bennettii Lowe. Trans. zool. Soc., t. II, p. 176.
    —   Valenc. Ichth. Canar., p. 26.
    —   Gunth. Cat. Fish. Brit. Mus., t. I, p. 298.
    —   Steind. Ichth. Bericht. uber. eine. Riise nach Span rend.
         Portug. Sitzb. Akad. Wien. Bd. LVI. Abth. 1867.
    —   Steind. Fish. Des. Sénég. p. 13.
Pristipoma ronchus Valenc. Ichth. Canar., p. 25, pl. VII, fig. 2.

Decjkg. — Commun sur tout le cours du Sénégal : Saint-Louis, marigots des Maringouins, Thionk, Leybar, Sorros, lac de Pagnéfoul, Gambie, Casamence; — s'observe toute l'année; — très rarement pêché au large.

De tous les *Pristipomes* observés en Sénégambie, le *P. Bennettii* paraît avoir pour habitat exclusif les eaux saumâtres et les divers fleuves de la région; là, en effet il abonde, tandis que sa capture en mer est un fait presque exceptionnel. La taille à laquelle il parvient, semble être en raison du milieu où il vit; les échantillons pris en mer, dépassent rarement 0,170; c'est la taille de ceux des Canaries et de Madère (Valenc., *loc. cit.*); ceux des eaux douces ou saumâtres atteignent 0,650 à 0,680; les nombreux exemplaires vendus notamment sur le marché de Saint-Louis sont rarement de dimensions moindres.

Soit par suite de l'influence exercée par la nature des eaux, soit comme conséquence de l'âge, nos individus du fleuve montrent une coloration qu'il est bon de noter.

Sur un fond d'un vert pâle, une multitude de taches vert foncé et jaunâtre donnent à toute la région supérieure un aspect marbré; le préopercule et l'opercule sont lavés de violet; une large tache bleu violacé couvre l'angle de ce dernier; toutes les nageoires sont jaunâtres à rayons bruns; la dorsale porte en outre à sa base, entre chaque rayon, une série de taches brunes; l'iris est jaune pâle.

La description de Valenciennes (*loc. cit.*) s'applique aux sujets pêchés en mer.

74. PRISTIPOMA VIRIDENSE C. V.

Pristipoma Viridense C. V. Hist. nat. Poiss., t. V, p. 287.
    —   Valenc. Ichth. Canar., 26.
    —   Gunth. Cat. Fish. Brit. Mus., t. I, p. 302.
    —   Dum. Poiss. Afr. occ., p. 262, n° 57.

Cap Vert; recueilli à Saint-Vincent par M. Bouvier.

75. PRISTIPOMA SUILLUM C. V.

Pristipoma suillum C. V. Hist. nat. Poiss., t. IX, p. 482 (adulte).
    —   Gunth. Cat. Fish. Brit. Mus., t. I, p. 302.
    —   Steind. Fish. Des. Sénég., p. 14, tab. V.
Pristipoma Rangii C. V. Hist. nat. Poiss., t. IX, p. 484 (jeune).
    —   Dum. Poiss. Af. occ., p. 262, n° 53.

Cap Vert, Gorée.

76. PRISTIPOMA MACROPHTHALMUM Bleek.

Pristipoma macrophthalmum Bleek. Poiss. Guin., p. 52, pl. XII, fig. 1.
    —   Steind. Fish. Des. Sénég., p. 16.
Larimus auritus C. V. Hist. nat. Poiss., t. VIII, p. 501.
    —   Gunth. Cat. Fish. Brit. Mus., t. I, p. 268.

Sompath. — Commun à Gorée, Dakar, banc d'Argain, cap Vert, Guet N'Dar; — atteint 0,315; — pêché en octobre et novembre.

La coloration du *P. macrophthalmum,* espèce créée par Bleeker sur le *Larimus auritus* C. V., type du genre *Larimus* de Gunther, et adoptée par les ichthyologistes modernes. mérite d'être rectifiée :

La description de Cuvier et Valenciennes (*loc. cit.*) est celle qui se rapproche le plus des types que nous avons vus. La grande tache, non pas noire mais orangée, de la partie libre de l'opercule, dont Blecker ne parle pas, est constante; la nageoire dorsale est olivâtre; l'anale et les pectorales, rosées sans pointillé brun ; la région du dos est verdâtre, glacée de jaune, et non pas rose ou vert rosé; enfin les bandes latérales sont peu distinctes, non pas argentées mais violacées; l'iris, blanc lavé de jaune.

Le peu de différence de taille des échantillons de Cuvier et de Blecker (0,170-0,216) d'avec les nôtres (0,218-0,227), ne permet pas d'attribuer à l'âge les différences que nous venons de signaler.

77. PRISTIPOMA PERROTTETI V. C.

Pristipoma Perrotteti C. V. Hist. nat. Poiss., t. V., p. 254.
—   Gunth. Cat. Fish. Brit. Mus., t. I, p. 302.
—   Steind. Fish. Des Sénég., p. 10, tab. III.
Pristipoma Perrottæi C. V. *in* Dum. Poiss. Afr. occ., p. 262, nº 54.

Jourouboïe. — Assez rare ; — habite au large les fonds de roche ; — péché en juillet, et peu estimé ; — Dakar, Gorée, Rufisque.

78. PRISTIPOMA OCTOLINEATUM C. V.

Pristipoma octolineatum C. V. Hist. nat. Poiss., t. IX, p. 487.
—   Guich. Poiss. *in* Expl. Alger., p. 44, pl. 2.
—   Gunth. Cat. Fish. Brit. Mus., t. I, p. 303.
—   Dum. Poiss. Afr. occ., p. 262, nº 56.

Kodjh. — Rare : — cap Vert, Gorée, Dakar, cap Verga ; — péché en novembre et décembre.

Gen. DIAGRAMMA Cuv.

79. DIAGRAMMA MEDITERRANEUM Guich.

Diagramma mediterraneum Guich. Poiss., Expl. Alger., p. 45, pl. 5.
—   Gunth. Cat. Fish. Brit. Mus., t. I, p. 321.

Bandé. — Pêché au large : — rade de Guet N'Dar, Dakar, Portendik ; — août ; — peu commun.

Cette espèce Méditerranéenne est quelquefois prise à 2 ou 3 milles en mer. Les individus vendus sur les marchés nègres sont identiques à ceux décrits par Guichenot, et montrent une couleur gris violacé uniforme sur le dos, sans aucunes taches ni bandes, avec les nageoires d'un brun noirâtre et l'intérieur de la bouche rouge.

Gen. **DENTEX** Cuv.

80. DENTEX VULGARIS C. V.

Dentex vulgaris C. V. Hist. nat. Poiss., t. VI, p. 220, pl. 153.
—   Valenc. Ichth. Canar., p. 36.
—   Gunth. Cat. Fish. Br. Mus., t. I, p. 366.

Dembe. — Assez commun dans les parages à fond de gravier et de sable : Dakar, Gorée, Rufisque, Portendik, cap Blanc ; — parvient à la taille de 0,750 ; — très recherché comme aliment.

81. DENTEX FILOSUS Val.

Dentex filosus Valenc. Ichth. Canar., p. 37.
—   Gunth. Cat. Fish. Brit. Mus., t. I, p. 371.
—   Guich. Expl. sc. Alger. Poiss., p. 52.

Dembesen. — Moins commun que l'espèce précédente, avec laquelle on le rencontre dans les mêmes parages.

Bien que cette espèce n'ait pas été décrite par Valenciennes sur des individus vivants, les couleurs indiquées par lui diffèrent peu de celles que nous avons notées.

Tout entier d'un beau rouge laque foncé sur le dos, plus pâle et argenté sous le ventre, le *D. filosus* ne nous a présenté aucune trace de taches irrégulières bleu foncé sur le dessus de la tête et le dos, jusqu'au milieu de sa longueur. Quelques spécimens présentent de chaque côté une large bande dirigée obliquement, couverte d'une multitude de points brunâtres, et simulant une sorte d'écharpe enveloppant la partie médiane du corps.

La plupart de nos types Sénégambiens rentrent dans la catégorie des spécimens de Valenciennes, à filaments des rayons dorsaux et des nageoires ventrales très longs. Comme les siens, ils mesurent 0,400 à 0,470 de longueur. Nous ne pensons pas que les filaments distinguent dans cette espèce le jeune âge (Valenc., *loc. cit.*, p. 38); ils sont caractéristiques du sexe et appartiennent aux mâles.

Gen. **SMARIS** Cuv.

82. SMARIS MELANURUS C. V.

Smaris melanurus C. V. Hist. nat. Poiss., t. VI, p. 422.
 — Gunth. Cat. Fish. Brit. Mus., t. I, p. 389.
 — Dum. Poiss. Afr. occ., p. 262, n° 65.

Cap Vert, Gorée.

Fam. **MULLIDÆ** Gray.

Gen. **MULLUS** Lin.

83. MULLUS BARBATUS Lin.

Mullus barbatus Lin. Syst. Nat., t. I, p. 495.
 — C. V. Hist. nat. Poiss., t. III, p. 442, pl. 70.
 — Gunth. Cat. Fish. Brit. Mus., t. I, p. 401.
 — Valenc. Ichth. Canar., p. 17.

Elejh. — Assez commun; — cap Blanc, golfe d'Argain; descend jusqu'à Saint-Louis; Rade de Guet N'Dar; — août-septembre; — atteint 0.325.

Gen. **UPENEUS** C. V.

84. UPENEUS PRAYENSIS C. V.

Upeneus Prayensis C. V. Hist. nat. Poiss., t. III, p. 485.
 — Gunth. Cat. Fish. Brit. Mus., t. I, p. 409.
 — Dum. Poiss. Afr. occ., p. 262, n° 45.
Pseudupeneus Prayensis Bleck. Poiss. Guin., p. 56, tab. XI, fig. 1.

Yakh. — Porto-Praya, Saint-Vincent, d'où M. Bouvier en a rapporté un exemplaire de 0,315 ; — rare à Saint-Louis ; — s'égare quelquefois dans le Sénégal, où nous en avons capturé un de 0,200 de long.

C'est sur cette espèce que Blecker a cru pouvoir établir son genre *Pseudupeneus*, auquel il rapporte également *l'U. maculatus* C. V. et qu'il caractérise : « Dentes maxillis conici, inter- » maxillares biseriati, serie externa ex parte retrorsum curvati, » inframaxillares uniseriati, vomerini et palatini nulli. »

En parlant de cette double rangée de dents, Blecker décrit particulièrement celles de la rangée externe *qu'il a vues* former deux groupes « dont le postérieur reculé vers l'angle de la bouche » ne consiste qu'en deux ou trois dents coniques et droites, mais » dont l'antérieur s'approche de la symphyse et n'est composé » que de trois ou quatre dents notablement plus longues que les » autres et dont les deux postérieures sont recourbées en » arrière. » Il paraît, ajoute-t-il, « que cette remarquable dentition » se retrouve dans l'*Upeneus maculatus;* Cuvier dit bien de cette » espèce qu'elle a des dents sur une seule ligne, mais je suppose » qu'il s'est trompé ; il en dit autant du *Prayensis,* mais, par » rapport au *maculatus,* il ajoute : quelques-unes au milieu de la » mâchoire supérieure sont plus fortes et dans un grand individu » il y en a, au milieu, quatre qui se recourbent en avant, et de » chaque côté une plus forte qui se recourbe en arrière. »

Lorsque Blecker n'hésite pas à créer une espèce, parce que, sur la ligne latérale d'un poisson, il compte une écaille de plus que sur la ligne latérale d'un autre, ainsi que nous le verrons par la suite, il n'y a pas lieu de s'étonner en lui voyant établir un genre sur six dents, dont quatre se courbent en avant et deux en arrière.

Nous avons dû rechercher si, comme le suppose Blecker, Cuvier s'était trompé, et après une étude attentive de la dentition des deux espèces, faite concurremment avec M. le Dr Sauvage, sur les types mêmes que Cuvier avait eus en main (*pour l'U. Prayensis, le n° 1,926 A., de la coll. du Muséum, exemplaire de Quoy et Gaimard; — pour l'U. maculatus, le n° 1,926 A., exemplaire de Delalande*), nous avons acquis la certitude que Blecker avait mal vu et que, dans l'une et l'autre espèce, les dents, aux deux mâchoires, sont sur une seule et unique rangée. Des exemplaires provenant de nos propres récoltes nous ont conduit au même résultat. Le genre fantaisiste *Pseudupeneus* doit donc être rayé de la nomenclature.

Relativement à la coloration de l'*U. Prayensis,* nous devons encore dire que Blecker n'est pas exact.

D'un beau rouge doré, comme le dit Cuvier, avec une tache d'un rouge plus foncé sur chaque écaille, l'*U. Prayensis* n'a point le préopercule brunâtre en arrière, ni la nageoire dorsale avec une bande longitudinale brune ; de plus il possède des barbillons atteignant le bord postérieur des opercules, barbillons que Blecker, pour des raisons que nous ne connaissons pas, a négligé de faire représenter sur la fig. 1 de sa planche XI. Ne serait-on pas en droit de croire que, pour lui, cette absence est un des caractères du genre *Pseupudeneus* ?

Fam. **SPARIDÆ** Rich.

Gen. **CANTHARUS** Cuv.

85. CANTHARUS SENEGALENSIS C. V.

Cantharus Senegalensis C. V. Hist. nat. Poiss., t. VI, p. 337.
    — Dum. Poiss. Afr. occ., p. 262, nº 68.

Cap Vert : Gorée ; — assez commun toute l'année.

Gen. **DOX** Cuv.

86. BOX SALPA Lin.

Box salpa C. V. Hist. nat. Poiss., t. VI, p. 357, pl. 162.
    — Valenc. Ichth. Canar., p. 36.
Box Goreensis C. V. Hist. nat. Poiss., t. VI, p. 364.
    — Gunth. Cat. Fish. Brit. Mus., t. I, p. 421.
Boops Goreensis C. V. *in* Dum. Poiss. Afr. occ., p. 262, nº 64.

Feyour. — Gorée, Dakar, Rufisque ; commun en août et septembre.

Nous rattachons à cette espèce le *Box Goreensis.* Ce qui l'en distingue, d'après Cuvier, c'est l'absence de tache à la pectorale ;

mais cette tache est plus ou moins apparente et ne finit par disparaître que sur les grands individus, ainsi que nous l'avons constaté par l'examen de nombreux spécimens.

Gen. **SARGUS** Kleim.

87. SARGUS ANNULARIS Geoff.

Sargus annularis Geoff. St-Hil. Descr. Egyp. Poiss., pl. 18, fig. 3
— C. V. Hist. nat. Poiss., t. VI, p. 35, pl. 142.
— Gunth. Cat. Fish. Brit. Mus., t. I, p. 445.
— Dum. Poiss. Afr. occ., p. 262, n° 58.

Gorée, Rufisque, Joalles.

88. SARGUS FASCIATUS C. V.

Sargus fasciatus C. V. Hist. nat. Poiss., t. VI, p. 59.
— Valenc. Ichth. Canar., p. 29, pl. IX, fig. 2.
— Gunth. Cat. Fish. Brit. Mus., t. I, p. 448.

Jonoh. — Cap Blanc, cap Mirick, baie d'Argain, Rufisque ; — août-septembre.

89. SARGUS CERVINUS Lowe.

Sargus cervinus Lowe Trans. Zool. Soc., t. II, p. 177.
— Valenc. Ichth. Canar., p. 29.
Gunth. Cat. Fish. Brit. Mus., t. II, p. 448.

Jonesh. — Mêmes localités que le *S. fasciatus.* — Cette espèce, comme la précédente, vit en troupes nombreuses; les nègres les pêchent par 10 et 15 brasses de profondeur; — très estimées pour leur chair, comme tous les *Sparidæ* de la côte.

90. SARGUS VULGARIS Geoff.

Sargus vulgaris Geoff. St-Hil. Descr. Egyp., pl. 18, fig. 2.
— Gunth. Cat. Fish. Brit. Mus., t. I, p. 437.
— Steind. Beit. Kennt. Fish. Afrik., p. 12.

Peu commun ; — Gorée ; — (*teste* Steindachner).

Gen. **LETHRINUS** Cuv.

91. LETHRINUS ATLANTICUS C. V.

Lethrinus atlanticus C. V. Hist. nat. Poiss., t. VI, p. 275.
— ? Gunth. Cat. Fish. Brit. Mus., t. 1, p. 260.
— Dum. Poiss. Afr. occ., p. 262, n° 62.

Cap Vert.

Gen. **PAGRUS** Cuv.

92. PAGRUS VULGARIS C. V.

Pagrus vulgaris C. V. Hist. nat. Poiss., t. VI, p. 148.
— Valenc. Ichth. Canar., p. 32.
— Gunth. Cat. Fish. Brit. Mus., t. I, p. 466.
— Dum. Poiss. Afr. occ., p. 262, n° 60.

Dembesjhal. — Gorée, cap Vert, Dakar ; — vit par bandes; — septembre-octobre.

93. PAGRUS AURIGA Valenc.

Pagrus auriga Valenc. Ichth. Canar., p, 34.
— Gunth. Cat. Fish. Brit. Mus., t. I, p. 471.
Pagrus Berthelotii Valenc. Ichth. Canar., p. 33.

Kibaro. — Gorée, cap Vert, Rufisque, Dakar.

94. PAGRUS EHRENBERGII C. V.

Pagrus Ehrenbergii C. V. Hist. nat. Poiss., t. VI, p. 155.
— Gunth. Cat. Fish. Brit. Mus., t. I, p. 471.

Kibaro n'ioul. — Gorée, cap Vert, les brisants à l'embouchure du Sénégal.

Cette espèce, d'un beau rose, porte, sur le dos et les flancs, sept lignes longitudinales de traits bleus allongés et espacés; toutes

les nageoires roses ont leurs rayons rouge vermillon ; une tache
brune existe à la base de la pectorale : l'iris est blanc jaunâtre.

Gen. **PAGELLUS** Cuv. Val.

95. PAGELLUS ERYTHRINUS C. V.

Pagellus erythrinus C. V. Hist. nat. Poiss., t. VI, p. 170.
— Gunth. Cat. Fish. Brit. Mus., t. I, p. 473.
Pagellus Canariensis Valenc. Ichth. Canar., p. 35.

Goyne. — Cap Blanc, cap Mirick, Gorée, banc d'Argain ; — se prend au
large ; — février-mars.

Dans cette espèce doit rentrer la variété décrite par Valenciennes (*loc. cit.*) sous le nom de *P. Canariensis.* Les couleurs sont
identiques. On ne peut considérer comme caractère les dents de
devant moins nombreuses et les tuberculeuses plus grosses que
chez le *P. erythrinus.* De nombreuses variations se montrent
sous ce rapport, en raison de la taille à laquelle sont parvenus
les sujets; les nôtres mesurent 0,450.

96. PAGELLUS MORMYRUS C. V.

Pagellus mormyrus C. V. Hist. nat. Poiss., t. VI, p. 200.
— Gunth. Cat. Fish. Brit. Mus., t. I, p. 481.
Pagellus Goreensis C. V. Hist. nat. Poiss., t. VI, p. 203.
— Dum. Poiss. Afr. occ., p. 261, n° 61.

Gorée, Dakar.

Gen. **CHRYSOPHRYS** Cuv.

97. CHRYSOPHRYS CÆRULEOSTICTA C. V.

Chrysophrys cæruleosticta C. V. Hist. nat. Poiss., t. VI. p. 110.
— Valenc. Ichth. Canar., p. 31, pl. 6, fig. 2.
— Gunth. Cat. Fish. Brit. Mus., t. I. p. 485.

Iahjhaye — Cap Blanc, Gorée, Dakar, Guet N'Dar; — espèce du large;
— février et mars.

Sur un fond général rose pâle, s'étend, le long du dos, une
bande étroite d'un rose plus foncé et plus vif, piquée de points
bleus; quatre lignes de points de la même couleur existent de
chaque côté jusqu'à la ligne latérale, marquée de points rouges à
centre bleu; des mouchetures bleues, très fines, couvrent la
première moitié du ventre, d'un blanc argenté; la dorsale est rose
à rayons rouges; une bande étroite, jaune, borde sa partie libre;
les autres nageoires sont roses à rayons violacés; une tache brun
rouge se trouve à la base des pectorales; la région susoculaire,
bleue; la partie libre de l'opercule, rouge vermillon; l'iris, blanc
bleuâtre.

98. CHRYSOPHRYS GIBBICEPS C. V.

Chrysophrys gibbiceps C. V. Hist. nat. Poiss., t. VI, p. 127, pl. 147.
    —   Gunth. Cat. Fish. Brit. Mus., t. I, p. 486.
Chrysophrys cristiceps C. V. Hist. nat. Poiss., t. VI, p. 132.
    —   Gunth. Cat. Fish. Brit. Mus., t. I, p, 486.

Diankarfeth. — Gorée, Dakar, Saint-Louis, Guet N'Dar, Babagaye,
Angel, Almadies.

L'une des espèces les plus communes de la côte Sénégambienne,
le *C. gibbiceps* présente des caractères tellement tranchés qu'il
est impossible de le méconnaître.

Ce qui le distingue de tous ses congénères, c'est l'énorme
développement de la partie antérieure de la tête, développement
situé en dessus et en avant des yeux; sur des individus de 0,650
(taille moyenne) la largeur de la tête est comprise 4 1/3 dans sa
hauteur; cette hauteur fait 2 1/2 de la longueur totale; le diamètre de l'œil, compris 6 1/4 dans la hauteur de la tête, l'est 3 1/2
dans sa largeur; le profil de la face, presque vertical, forme un
angle droit avec celui du dos qui s'incline brusquement vers la
queue.

Le seul individu connu de Cuvier et originaire du Cap, mesurait 0,567, « les couleurs en étaient totalement effacées; des
» taches brunâtres sur les flancs et quelques reflets argentés
» étaient seulement apparents. »

La couleur de ce poisson est rouge laque glacé d'argent, s'éclaircissant sur le ventre qui est d'un blanc rosé brillant; une bande d'un bleu intense couvre la partie supérieure du dos, ainsi que toute la bosse frontale; des séries de points bleus s'étendent en lignes parallèles, de chaque côté; la ligne latérale est marquée de points brun rougeâtre; les nageoires sont d'un rouge lavé de brun violacé; l'iris, blanc rosé.

Le *C. gibbiceps* se rapproche du *C. cæruleosticta* par l'ensemble général de ses formes; par sa tête obtuse épaisse; par la verticalité de son profil; mais il s'en distingue par l'exagération du développement de la région céphalique; par son diamètre biorbitaire externe égalant plus de trois fois celui de l'œil; par sa coloration, et enfin par le nombre de ses rayons :

D. 12-10; A. 3-7; C. 18; P. 16; V. 1-5.

Sous le nom de *C. cristiceps*, Cuvier (*loc. cit.*) décrit une seconde espèce ressemblant beaucoup au *C. gibbiceps*, dont il ne la distingue que par un profil moins oblique et par une crête moins forte. Nous avons pu nous assurer que le *C. cristiceps* de Cuvier est la femelle du *C. gibbiceps;* en ouvrant un nombre considérable de ces poissons, toujours et invariablement on trouve que les spécimens à développement frontal sont porteurs de laites, tandis que les autres ont des ovaires. Ce fait est du reste bien connu des nègres, qui choisissent de préférence les mâles comme ayant la chair plus délicate, et les reconnaissent à la bosse frontale, donnant en outre aux autres le nom de *Diankarfelh Diguen Ba*, c'est-à-dire *femme du Diankarfeth*.

Castelnau (*loc. cit.*, p. 20), à l'article *Chrysophris gibbiceps*, avait déjà signalé ce fait; seulement il maintient le *Chrysophris cristiceps* comme espèce distincte, ce que nous ne pouvons accepter.

Les nègres de Saint-Louis et de toute la côte pêchent cette espèce pendant la plus grande partie de l'année, mais principalement d'avril à septembre; ils en font une énorme consommation pour la confection du couscous, dont il est la base en outre ils le sèchent et l'échangent avec les Maures et les nègres de l'intérieur.

Fam. **SQUAMIPINNES** Cuv.

Gen. **CHÆTODON** Arted.

99. CHÆTODON LUCIÆ Rchbr.

Pl. IV, fig. 1,

Chætodon Luciæ Rochbr. Bull. Soc. Phil. Paris, séance du 22 mai 1880.

C. CORPUS OVATO ROTUNDATUM, COMPRESSUM, FUSCO AURATUM, FASCIIS 2 SUBLATIS, BRUNNEIS, ORNATUM; CAPITE CONCAVO; PREOPERCULO INDENTATO; SETÆ PINNÆ DORSALIS (3-4) LONGIORES.

LONG. 0,078.

$$D \; \frac{12}{21} \; ; \; A \; \frac{3}{16} \; ; \; \text{L. LAT. } 46; \; \text{L. TRANS.} \frac{5}{12}$$

Rapporté de Sainte-Lucie (cap Vert) par M. Bouvier.

Museau faiblement proéminent, égal au diamètre de l'œil; profil du front concave; préopercule à bord non dentelé; hauteur totale du corps, prise au niveau des pectorales, égale à la longueur; tête comprise 3 1/6 dans la longueur totale; diamètre de l'œil contenu 3 fois dans la longueur de la tête; portion molle de la dorsale et de l'anale régulièrement arrondie; épines de la dorsale fortes, les 3e et 4e plus longues, leur dimension représentant 1 1/6 de la distance existant entre l'extrémité du museau et le bord du préopercule; 2e épine anale la plus longue, robuste.

Teinte générale brun pâle doré, plus foncée sur le dos; écailles larges portant un liseret brun sur leur bord libre; bande oculaire brune, égalant en largeur 1/2 du diamètre de l'œil, descendant un peu au-dessous de l'opercule; une seconde bande brune, plus large, part du pied du 3e rayon épineux de la dorsale et descend perpendiculairement, en passant sous les pectorales; caudale cunéiforme tronquée; toutes les nageoires d'un brunâtre pâle.

Le *Ch. Sanctæ-Helenæ* Gunth. (*Rep. on. a coll. Afr. Fish. Mad. at St-Helena, Proc. zool. Soc. Lond.* 1868, p. 227), est l'espèce dont la nôtre se rapproche le plus; mais elle s'en distingue : par son museau plus court; par le nombre de ses rayons ; la grosseur et la force de son 2ᵉ rayon anal; les écailles de ses lignes latérale et transverse; par la bande oculaire dépassant le bord du préopercule; enfin par l'ensemble de sa coloration.

Également voisin du *Ch. striatus* L., ce dernier cependant s'en éloigne par son museau plus court que le diamètre de l'œil, par les dimensions de ses épines dorsales, les cinq bandes brun noir de ses flancs, et le nombre de ses rayons et des écailles de ses lignes latérale et transverse.

100. CHÆTODON HOEFLERI Steind.

Chætodon Hoefleri Steind. Beit. Kennt. Fish. Afrik., p. 14, pl. V, fig. 1.

Gorée (*teste* Steindachner).

Cette espèce, que Steindachner considère comme voisine du *C. striatus,* est identique à notre *C. Luciæ;* la présence d'une troisième bande brunâtre à la partie postérieure du corps est la seule différence que nous lui trouvons.

Nous ne pensons pas que cette variation dans l'ornementation puisse servir à établir une espèce, et nous l'aurions inscrite en synonymie de la nôtre s'il n'existait pas une très faible variation dans le nombre des rayons de la dorsale et de l'anale.

Blecker (*Poiss. Guin.*, p. 67) rapporte aussi d'une façon dubitative au *C. striatus,* un jeune *Chætodon* envoyé de la côte de Guinée (Elmina) par M. Pel. La mollesse des épines, des os operculaires et de la bouche, lui fait considérer cet exemplaire comme rachitique et accidentellement venu sur la côte de Guinée.

L'existence du genre *Chætodon* dans les parages de Sainte-Hélène, du cap Vert et de Gorée, engagerait à considérer l'échantillon de Blecker comme pouvant appartenir à notre espèce.

Gen. **EPHIPPUS** Cuv.

101. EPHIPPUS GOREENSIS c. v.

Ephippus Goreensis C. V. Hist. nat. Poiss., t. VII, p. 125, pl. 178.
— Dum. Poiss. Afr. occ.. p. 262, nº 67.
— Gunth. Cat. Fish. Brit. Mus., t. II, p. 61.

Diakarao N'Gejhte. — Dakar, Gorée, Rufisque, où il est peu commun; — rejeté par les nègres comme poisson vénéneux; — août-septembre.

M. Gunther donne à cette espèce une coloration uniforme; pour Cuvier, elle paraît argentée, chaque écaille ayant un bord étroit, brunâtre, et les nageoires gris brun.

Un sujet de Dakar, de 0,200, avait, à l'état frais, toute la partie supérieure, jusqu'à la ligne latérale, brun violacé marbré de noir brun; le ventre blanc, les rayons épineux de la dorsale brun rouge, reliés par une membrane jaune orangé clair; les pectorales et les ventrales jaunâtres à rayons bruns; les autres nageoires grises, à rayons d'un noir violet bordés d'une bande de même couleur; l'iris blanc.

Fam. **TRIGLIDÆ** Kaup.

Gen. **SCORPÆNA** Arted.

102. SCORPÆNA SCROFA Lin.

Scorpæna scrofa Lin. Syst. Nat., t. I, p. 453.
— C. V. Hist. nat. Poiss., t. IV, p. 288.
— Gunth. Cat. Fish. Brit., Mus., t. II, p. 109.
— Valenc. Ichth. Canar., p. 20.

Djhenajh. — Gorée, Dakar, cap Vert, d'où M. Bouvier en a rapporté de beaux spécimens; — pêché dans les rochers, en septembre et octobre.

103. SCORPÆNA USTULATA Lowe.

Scorpæna ustulata Lowe. Proced. Zool. Soc. Lond., 1840, p. 36.
— ꞏGunth. Cat. Fish. Brit. Mus., t. II, p. 110.

Djhen N'Ao. — Très rare : à Gorée, Dakar, Joalles ; — considéré par les nègres comme vénéneux, ainsi que l'espèce précédente.

Les couleurs assignées par Gunther au *S. ustulata,* sont identiques à celles que nous avons notées sur des sujets vivants.

104. SCORPÆNA SENEGALENSIS Steind

Scorpæna Senegalensis Steind. Beitr. Kennt. Fish. Afrik., p. 15, pl. IV, fig. 1-2.

Rufisque (*teste* Steindachner).

Gen. TRIGLA Arted.

105. TRIGLA LINEATA Lin.

Trigla lineata Lin. Gmel., t. I, p. 1385.
— Gunth. Cat. Fish. Brit. Mus. t. II, p. 200.
— Steind. Beitr. Kennt. Fish. Afrik., p. 16.

Rufisque (*teste* Steindachner).

Cen. DACTYLOPTERUS Lacep.

106. DACTYLOPTERUS VOLITANS C. V.

Dactylopterus volitans C. V. Hist. nat. Poiss., t. IV, p. 117.
— Gunth. Cat. Fish. Brit. Mus., t. II, p, 221.

Guinjhuir. — Cap Blanc, Gorée ; — vient parfois échouer dans les eaux de Saint-Louis sur la rive droite, dite rive des Maures ; cap Vert, d'où M. Bouvier en a rapporté des individus de 0.310.

Fam. **SCIÆNIDÆ** Owen.

Gen. **LARIMUS** C. V.

107. LARIMUS PELI Beck.

Larimus Peli Bleck. Poiss. Guin., p. 63, pl. XVI, fig. 2.

N'Tinge. — Assez commun : — embouchure de la Gambie, cap Sainte-Marie, cap Rouge ; — août-septembre ; — atteint 0,350 à 0,410.

Cette espèce est identique sous tous les rapports au type décrit par Blecker.

Gen. **UMBRINA** Cuv.

108. UMBRINA CANARIENSIS Valenc.

Umbrina Canariensis Valenc. Ichth. Canar., p. 24.
— Gunth. Cat. Fish. Brit. Mus., t. II, p. 274.

Ouonombo. — Cap Blanc, Portendick, rade de Saint-Louis, banc d'Argain ; — estimé comme aliment ; — pêché au large, en juillet et août ; — atteint de 0,400 à 0,490.

Gen. **SCIÆNA** Arted.

109. SCIÆNA SENEGALENSIS. C. V.

Sciæna Senegalensis C. V. *in* Gunth. Cat. Fish. Br. Mus., t. II, p. 290.
— Steind. Fish. Des. Sénég., p. 30.
Corvina Senegalla C. V. Hist. nat. Poiss., t. V, p. 132.
Johnius Senegalla Dum. Poiss. Afr. occ., p. 262, n° 49.

Kouie. — Communément pêché au large, en août et septembre ; — Argain, Dakar, Gorée, Rufisque ; — atteint de 0,352 à 0,480.

Cuvier et M. Gunther lui donnent une couleur uniforme ;

seules les nageoires portent des taches; Cuvier ajoute que l'on ne voit point de taches sur le dos.

D'une teinte générale vert olive brillant sur le dos; le ventre gris perlé; des lignes de points bruns, dirigées obliquement, descendant, sur tout le corps; la dorsale, les ventrales et l'anale d'un gris verdâtre à rayons bruns, et maculées de points noirs; la caudale et les pectorales noirâtres; l'opercule et le préopercule vert métallique, également avec des points bruns; l'iris blanc.

Telles sont les couleurs dont sont ornés les individus vivants.

110. SCIÆNA EPIPERCUS B⋅eck.

Sciæna epipercus Steind. Fish. Des. Sénég., p. 27, t. IX.
Rhinoscion epipercus Bleck. Poiss. Guin., p. 64. pl. XIV.

Thonon. — Pêché au large, dans les mêmes parages que le *S. Senegalensis;* — parvient à la taille de 0 600 à 0,825.

Nos échantillons diffèrent des types de Blecker : par une coloration brun violacé sur le dos; par toutes les nageoires, jaunâtres, vermiculées de brun et à rayons de la même couleur; par l'iris jaune orangé.

111. SCIÆNA SAUVAGEI Rochbr.

Pl. III, fig. 1.

Sciæna Sauvagei Rochbr. Bull. Soc. Phil. Paris (22 mai 1880).

S. — Corpus oblongo ovatum, leviter compressum, desuper cupreo violaceum, infra argenteum ; operculum cæruleo nitescente ; pinnis lutescentibus ; cauda crenata ; iris pallide aurantiaca.

Long. 0,910 a 0.1800, et sup.

$$D \frac{IX}{27} ; P \frac{1}{14} ; V \frac{1}{6} ; A \frac{2}{7} ; C. 17 ; L. Lat. 75 ; Li. Trans. \frac{9}{10}.$$

Corps oblong fusiforme, faiblement comprimé; profil du front légèrement concave, celui du dos s'inclinant assez brusquement vers l'extrémité caudale; hauteur contenue 6 1/2 dans la longueur totale; diamètre de l'œil compris 8 fois dans la longueur de la tête; les deux maxillaires égaux, à peine protractiles, portant une rangée de dents fortes, coniques, écartées, en arrière une large bande de dents en velours disparaissant au maxillaire inférieur; 75 écailles latérales; 9-10 dans la série transverse; rayons de la dorsale épineux, robustes; le 1er plus court, les 2e et 3e les plus longs; pectorales aiguës; les épines de l'anale faibles, la 1re courte, la 2e égalant la moitié de la longueur des rayons : caudale crénelée.

Teinte générale violet métallique foncé sur toute la partie supérieure; ventre blanc lavé de violet clair; opercule teinté de bleu brillant; 1re dorsale brun pâle à rayons plus foncés; 2e dorsale vert brunâtre; pectorales, ventrales et anales jaunâtres, à rayons brun clair; caudale brune; iris blanc orangé.

Long. des exempl. de 0,910 à 1 m. 80.

Saccaby. — Très commun : — pêché en janvier et février; — rade de Guet N'Dar, pointe de Barbarie, banc d'Argain, Portendik, Rufisque; — par 12 à 16 brasses de profondeur.

Le *Sciæna Sauvagei* ne peut être confondu avec les autres espèces Africaines, dont il se distingue par des caractères tranchés.

Il semble, au premier abord, se rapprocher du *S. aquila,* Lin., mais il s'en différencie principalement : par le nombre des rayons qui, chez ce dernier, sont pour la dorsale $\frac{10}{26}$; par le nombre 75 de la ligne latérale au lieu de 53; celui de $\frac{9}{10}$ de la ligne transverse au lieu de $\frac{11}{20}$; par la faiblesse des rayons épineux de l'anale; et enfin par son système de coloration.

Si l'on se rapporte à l'époque (xve siècle) où florissaient les grandes pêcheries Portugaises établies sur la côte d'Afrique, (pêcheries où notre *Sciæna* surtout était séché et exporté sous le nom de *Morue* sur divers points du continent Européen); si l'on considère l'abondance de l'espèce dans les parages où elle habite, il est difficile de comprendre comment elle a pu rester si longtemps ignorée des naturalistes.

Très recherché aujourd'hui par les nègres, le *Sc. Sauvagei* est l'objet d'une pêche abondante ; la tête est la partie la plus estimée et réservée uniquement pour le couscous ; fendus longitudinale-ment, les individus de taille moyenne sont desséchés et échangés avec les Maures.

Gen. **CORVINA** Cuv.

112. CORVINA NIGRA C. V.

Corvina nigra C. V. Hist. nat. Poiss., t. V, p. 86.
—   Gunth. Cat. Fish. Brit. Mus., t. II, p. 297.
—   Valenc. Ichth. Canar., p. 33.

Egojh. — Cap Blanc, Portendik, Saint-Louis ; — assez fréquemment péché au large, en juillet et août ; — les pêcheurs Canariens se ren-dent sur les côtes d'Afrique pour pêcher cette espèce dans le canal qui sépare la côte de l'archipel. — (Valenc., *loc. cit.*)

113. CORVINA NIGRITA C. V.

Corvina nigrita C. V. Hist. nat. Poiss., t. V, p. 103.
—   Gunth. Cat. Fish. Brit. Mus., t. II, p. 297.
—   Steind. Fish. Des. Sénég., p. 24, tab. VIII.
—   Dum. Poiss. Afr. occ., p. 262, n° 48.

Egojh. — Capturé dans les mêmes parages que l'espèce précédente : — Gorée, Dakar, Rufisque.

114. CORVINA CLAVIGERA A. C.

Corvina clavigera C. V. Hist. nat. Poiss., t. V, p. 101.
—   Dum. Poiss. Afr. occ., p. 262, n° 47.
Corvina Moorii Gunth. Ann. and Mag. nat. Hist., vol. XVI, 1865, p. 48.

M. Gunther (*Cat. Fish. Brit. Mus.*, t. II p. 296) déclare, dans une note, que la forme en massue de l'épine de la 2e dorsale chez cette espèce, n'est qu'un état pathologique accidentel, observé sur un *C. nigrita.*

Plus tard en donnant la description d'un *Corvina* nouveau, provenant de la rivière de Gambie (*Corvina Moorii, loc. cit.*), après avoir de nouveau insisté sur ce fait et affirmé que l'épine claviforme est la conséquence d'un dépôt anormal de substance osseuse, il signale la présence d'une épine identique, à la 2e dorsale de son *C. Moorii* et sur un autre exemplaire de la même espèce.

Il nous semble difficile d'expliquer pathologiquement la présence d'un dépôt osseux, toujours situé à la même épine et aux mêmes nageoires, chez des espèces d'un même genre, et de le considérer comme anormal.

D'un autre côté, si la description du *C. Moorii* Gunth. (*long. des types* 0,500) diffère sous certains rapports de celle du *C. clavigera* V. C. (*long. des types* 0,484), sous d'autres elle s'en rapproche. Tout semble donc relier cés deux espèces. Aussi, malgré les dires de M. Steindachner (*loc. cit.*, p. 27), qui, tout en venant confirmer l'opinion de M. Gunther, en ce qui concerne le *C. clavigera,* se tait sur le *C. Moorii* (bien qu'il dût le connaître puisqu'il était décrit quatre ans avant sa brochure sur le Sénégal), nous pensons qu'il convient, jusqu'à ce qu'une étude plus complète ait permis de trancher définitivement la question, de conserver le *C. clavigera* de Cuvier et de considérer le *C. Moorii* de Gunther comme synonyme de l'espèce établie par l'illustre naturaliste français.

Gen. **OTOLITHUS** Cuv.

115. OTOLITHUS SENEGALENSIS C. A.

Otolithus Senegalensis C. V. Hist. nat. Poiss., t. IX, p. 476.
    —   Gunth. Cat. Fish. Br. Mus., t. II, p. 366.
    —   Steind. Fish. Des. Sénég., p. 19, tab. VI.
Pseudotolithus typus Bleck. Poiss, Guin., p. 60, pl. XV, fig. 1.

Feteu. — Commun en juillet-août ; — atteint 0,450 ; — Saint-Louis. Gorée, Dakar.

116. OTOLITUS BRACHYGNATHUS Blek.

Pseudotolithus brachygnathus Bleck. Poiss. Guin., p. 62, pl. XXIV, fig. 2.

Roumatch. — Saint-Louis, Gorée, Dakar, Cap Roxo.

117. OTOLITHUS MACROGNATHUS Bleck.

Otolithus macrognathus Bleck. *in* Steind. Fish. Des. Sénég., p. 22,
tab. VII.
Pseudotolithus macrognathus Bleck. Poiss. Guin., p. 61, pl. XIII
fig. 2.

Labarjh. — Mêmes localités que le précédent ; — les deux espèces
remontent le Sénégal et les autres cours d'eau de la côte pendant
l'hivernage.

Fam. **POLYNEMIDÆ** Rich.

Gen. **POLYNEMUS** Lin.

118. POLYNEMUS QUADRIFILIS C. V.

Polinemus quadifilis C. V., t. III, p. 390, t. VII, p. 518, pl. 68.
—   Gunth. Cat. Fish. Br. Mus., t. II, p. 330.
—   Steind. Fish. Des. Sénég., p. 30, tab. X.
—   Dum. Poiss. Afr. occ., p. 262, no 41.
Trichidion quadrifilis Bleck. Poiss. Guin., p. 88.

Dyané. — L'une des espèces les plus communes du Sénégal, de la
Gambie, de la Casamence ; marigots ; eaux saumâtres ; — pêché éga-
lement en mer ; — très estimé surtout par les Européens qui, à Saint-
Louis, le désignent sous le nom de *Capitaine*.

Les écailles de ce poisson, qui dépasse souvent la taille
de 1 m. à 1 m. 25 c., étaient, il y a peu de temps encore, l'objet d'un
commerce assez étendu. Séchées et expédiées en France, elles
étaient employées, après avoir subi une préparation particulière,
à encoller certaines étoffes de soie et notamment les rubans.

Gen. **PENTANEMUS** Arted.

119. PENTANEMUS QUINQUARIUS Arted.

Pentanemus quinquarius Arted. *in* Sebæ. Thes., t. III, p. 74, pl. 27, fig. 2.
—   Gunth. Cat. Fish. Brit. Mus., t. II, p. 331.
Polynemus macronemus Pel. Bydrage Tot de dierk 1851, p. 9.
—   Dum. Poiss. Afr. occ., p. 262, n° 44.

Elobajh. — Embouchures de la Gambie et de la Casamence ; — rare dans les marigots du Sénégal ; — lac de Guerr.

Gen. **GALEOIDES** Gunth.

120. GALEOIDES POLYDACTYLUS Gunth.

Galeoides polydactylus Gunth. Cat. Fish. Brit. Mus., t. II, p. 332.
—   Steind. Fish. Des. Sénég., p. 33, tab. XI.
Polynemus decadactylus Bleck. Natur. ausl. Fish. IX, p. 26, tabl. 401.
—   O. V. Hist. nat. Poiss., t. III, p. 392.
—   Dum. Poiss. Afr. occ., p. 262, n° 42,
Polynemus enneadactylus C. V. Hist. nat. Poiss., t. III, p. 392, t. VII.
—   Dum. Poiss. Afr. occ., p. 262, n° 44.

Siket N'Bow. — Commun : — rade de Saint-Louis, Guet N'Dar, Gorée ; — remonte le fleuve ; — pêché en juin et juillet ; — peu estimé ; — ne dépasse pas 0,250 à 0,320.

Fam. **SPHYRÆNIDÆ** Bleck.

Gen. **SPHYRÆNA** Arted.

121. SPHYRÆNA VULGARIS C. V.

Sphyræna vulgaris C. V. Hist. nat. Poiss., t, III, p. 327.
—   Gunth. Cat. Fish. Brit. Mus., t. II, p. 327,

Sphyræna becuna Lacep. C. V. Hist. nat. Poiss., t. III, p. 340.
  —   Dum. Poiss. Afr. occ., p. 262, n° 40.
Sphyræna viridensis C. V. Hist. nat. Poiss., t. III, p. 342.
  —   Dum. Poiss. Afr. occ., p. 262, n° 39.

Gorée, cap Vert.

D'après Cuvier lui-même (*loc. cit.*), les *Sphyræna* précédemment énumérés ne se distinguent que par des différences inappréciables de coloration; à l'exemple de M. Gunther, nous les réunissons au type *vulgaris*.

Fam. **TRICHIURIDÆ** Gunth.

Gen. **TRICHIURUS** Lin.

122. TRICHIURUS LEPTURUS Lin.

Trichiurus lepturus Lin. Syst. Nat., t. I, p. 429.
  —   C. V. Hist. nat. Poiss., t. VII, p. 237.
  —   Gunth. Cat. Fish. Brit. Mus., t. II, p. 346.
  —   Dum. Poiss. Afr. occ., p. 262, n° 73.
Enchelyopus lepturus Bleek. Poiss. Guin., p. 74.

Gafikhe. — Gorée, Rufisque, Dakar, cap Sainte-Marie, cap Roxo; — assez commun; — mars-avril.

Fam. **SCOMBRIDÆ** Cuv.

Gen. **SCOMBER** Arted.

123. SCOMBER PNEUMATOPHORUS de la Roche.

Scomber pneumatophorus de la Roche., An. Mus. Hist. nat., t. XIII,
     p. 315-334.
  —   C. V. Hist. nat. Poiss., t. VIII, p. 36.
  —   Gunth. Cat. Fish. Brit. Mus., t. II, p. 359.
  —   Dum. Pois. Afr. occ., p. 262, n° 69.

Assez rare; — remonte le Sénégal.

124. SCOMBER COLIAS Lin.

Scomber Colias Lin. Syst. I, p. 1329,
—   Gunth. Cat. Fish. Brit. Mus., t. II, p. 361.
—   Steind. Beit. Kennt. Fish. Afrik., p. 17.

Rufisque *(teste* Steindachner).

Gen. THYNNUS C. V.

125. THYNNUS PELAMYS C. V.

Thynnus pelamys C. V. Hist. nat., t. VIII, p. 113, pl. 114.
—   Gunth. Cat. Fish. Brit. Mus., t. II, p. 365.

Bonette. — Passe par bandes, en avril et mai ; — pêché au large, par 17 brasses de profondeur ; — rade de Guet N'Dar, cap Blanc, Portendik, cap Roxo, cap Vert ; — ne dépasse que rarement la taille de 0,850 à 0,925.

126. THYNNUS ALALONGA C. V.

Thynnus alalonga C. V. Hist. nat. Poiss., t. VIII, p. 128, pl. 215.
—   Gunth. Cat. Fish. Brit. Mus., t. II, p. 366.

Bonette. — S'observe dans les mêmes conditions que le *T. pelamys.*

Gen. PELAMYS C. V.

127. PELAMYS SARDA C. V.

Pelamys Sarda C. V. Hist. nat. Poiss., t. VIII, p. 149, p. 247.
—   Gunth. Cat. Fish. Brit. Mus., t. II, p. 367.
—   Dum. Poiss. Afr. occ., p. 262, n° 70.

Cap Vert.

128. PELAMYS UNICOLOR Guich.

Pelamys unicolor Guich. Expl. Alger. Poiss., p. 58.
—   Gunth. Cat. Fish. Brit. Mus., t. II, p. 368.

Scypoon. — De passage, et pêché au large comme tous les grands Scomberoides des régions Africaines ; — février-mars ; — atteint de 1 m. à 1 m. 50.

Gen. **CYBIUM** Cuv.

129. CYBIUM TRITOR C. V

Cybium tritor C. V. Hist. nat. Poiss., t. VIII, p. 176, pl. 218.
— Gunth. Cat. Fish. Brit. Mus., t. II, p. 372.
— Dum. Poiss. Afr. occ., p. 262, n° 71.
Cybium altipinne Guich. Dum. Poiss. Afr. occ., p. 260-262, n° 72.

Jhede. — Très commun, surtout à Gorée, Dakar, Rufisque, où l'espéce est l'objet de péches abondantes en juin et juillet ; — atteint 0,840.

Le *Cybium altipinne* Guich., originaire de Gorée, est donné nominalement comme espéce nouvelle par Dumeril (*loc. cit.*); nous avons étudié le type même de Guichenot, dans la collection ichthyologique du Muséum, et nous avons pu nous convaincre que, seule, la hauteur relative de sa dorsale, le distingue du *C. tritor*, ainsi que le note Dumeril. Par tous ses autres caractères il lui est identique, et doit être considéré comme un jeune individu; sa longueur est 0,420.

Gen. **ELACATE** Cuv.

130. ELACATE NIGRA Cuv.

Elacate nigra Cuv. *in* Gunth. Cat. Fish. Brit. Mus., t. II, p. 375.
Elacate atlantica C. V. Hist. nat. Poiss., t. VIII, p. 334, pl. 233.
— Dum. Poiss. Afr. occ., p. 262, n.° 75.

Warangall. — Fréquente tout le littoral en février et mars ; est pris quelquefois dans les brisants et à la barre du Sénégal, Gorée, cap Vert, Argain.

Sa couleur est d'un brun violet foncé sur toute la partie supérieure; le ventre est blanc argenté; les pectorales et le lobe inférieur de la caudale, jaunâtre; toutes les autres nageoires brun violet, à rayons plus foncés: l'iris blanc bleuâtre.

Gen. **ECHENEIS** Cuv.

131. **ECHENEIS REMORA** Lin.

Echeneis remora Lin. Syst. 1, p. 446.
    —   Gunth. Cat. Fish. Brit. Mus., t. II, p. 378.
Echeneis batrachoïdes Dum. Class. des Ech. *in* C. R. Acad. Sc. 1858, t. 47, p. 374. — Poiss. Afr. occ., p. 264, n° 177.

Dack. — Cap Vert, Gorée, rade de Guet N'Dar; — juillet-août.

L'*Echeneis batrachoides* est encore l'une des espèces nominales de Dumeril, que l'examen des types recueillis par Perrottet permet de rapporter à l'*E. remora;* comme ce dernier, il a le corps trapu, fusiforme; la longueur du disque est contenue 3 1/6 dans celle du corps; le disque porte 19 paires de plaques; sa couleur générale est brune, avec de rares maculatures blanches et une bande de même couleur sur le milieu des ventrales.

132. ECHENEIS NAUCRATES Lin.

Echeneis naucrates Lin. Syst. 1, p. 446.
    —   Gunth. Cat. Fish. Brit. Mus., t. II, p. 384.
    —   Valenc. Ichth. Canar., p. 87.
Echeneis occidentalis Dum. Class. des Ech. *in* C. R. Acad. des Sc. 1858, t. 47, p. 374. — Poiss. Afr. occ., p. 264, n° 176.

Dack. — Saint-Louis, embouchure du Sénégal, pointe de Barbarie; — juillet et août; — cette espèce comme la précédente n'est pêchée par les nègres que comme objet de curiosité.

Nous faisons, pour l'*E. occidentalis*, les mêmes observations que pour les autres espèces nominales de Dumeril. Il doit rentrer dans la section II de M. Gunther, a 23 paires de plaques. Les types de Perrottet présentent un corps fusiforme allongé; la longueur du disque est contenue 4 3/5 dans la longueur totale; ils sont d'une teinte brun olivâtre foncé, plus pâle sous le ventre ; une bande roussâtre s'étend dans toute la longueur, au-dessus de la ligne latérale ; une large bordure blanche s'observe à la dorsale et à l'anale, ainsi qu'une tache de même couleur aux deux lobes de la caudale ; chez quelques sujets âgés, le ventre, gris perlé, est piqueté de noir ; les pectorales et les ventrales blanchâtres, à rayons violacés.

Fam. **CARANGIDÆ** Owen.

Gen. **CARANX** Cuv.

133. CARANX JACOBÆUS C. V.

Caranx jacobæus C. V. Hist. nat. Poiss., t. IX, p. 42.
    --   Gunth. Cat. Fish. Brit. Mus., t. II, p. 427.
    —   Dum. Poiss. Afr. occ., p. 262, n° 85.

St-Yago (cap Vert).

134. CARANX RHONCHUS Geoff.

Caranx rhonchus Geoff. Descr. Egypt. Poiss., pl. 24, fig. 1.
    —   C. V. Hist. nat. Poiss., t. IX, p. 35.
    —   Gunth. Cat. Fish. Brit. Mus., t. II, p. 428.
    —   Dum. Poiss. Afr. occ., p. 262, n° 84.

Gorée, Rufisque.

135. CARANX CRUMENOPHTHALMUS Bleck,

Caranx crumenophthalmus Lacep., t. IV, p. 107.
    —   C. V. Hist. nat. Poiss., t. IX, p. 63.
    —   Gunth. Cat. Fish. Brit. Mus., t. II, p. 429.

Korkofanha. — Très rare à Gorée ; — plus fréquent au cap Roxo, baie de Sainte-Marie, Gambie.

136. CARANX SENEGALLUS C. V.

Caranx Senegallus C. V. Hist. nat. Poiss., t. IX, p. 78.
    —   Gunth. Cat. Fish. Brit. Mus., t. II, p. 435.

Caranx Senegallus Steind. Fish. Des. Sénég., n° 36.
— Dum. Poiss. Afr. occ., p. 262, n° 86,

Korkoj. — Saint-Louis, rade de Guet N'Dar, Gorée, cap Blanc.

137. CARANX DENTEX C. V.

Caranx dentex C. V. Hist. nat. Poiss., t. IX, p. 87.
— Gunth. Cat. Fish. Brit. Mus., t. II, p. 441.
Caranx analis C. V. Hist. nat. Poiss., t. IX, p. 88.
— Valenc. Ichth. Canar., p. 57, pl. 12.

Jhorjhor. — Saint-Louis, Dakar, Gorée, cap Blanc, pointe de Barbarie ; — assez fréquemment pêché en août, mais très peu estimé, comme du reste toutes les espèces du genre *Caranx*.

138. CARANX CARANGUS C. V.

Caranx carangus C. V. Hist. nat. Poiss., t. IX, p. 91.
— Gunth. Cat. Brit. Mus., t. II, p. 448.
— Steind. Fish. Des. Sénég., p. 36.
— Dum, Poiss. Afr. occ., p. 262, n° 87.

Sottsapajh. — Pêché plus spécialement dans le Sénégal, à peu de distance de l'embouchure, en juillet et août ; — ne dépasse pas 0,750.

139. CARANX ALEXANDRINUS Geoff.

Caranx Alexandrinus Geoff. St-Hil. Descr. Egyp. Poiss., pl. 22, fig. 2.
— Gunth. Cat. Fish. Brit. Mus., t. II, p. 455.
Scyris Alexandrina C. V. Hist. nat. Poiss., t. IX, p. 152.
— Dum. Poiss. Afr. occ., p. 262, n° 88.

Fanta. — Gorée, Dakar, Saint-Louis, les brisants du fleuve ; — août et septembre ; — dépasse souvent 0,895 de longueur.

140. CARANX GOREENSIS C. V.

Caranx Goreensis C. V. *in* Gunth. Cat. Fish. Brit. Mus., t. II, p. 457.

Hynnis Goreensis C. V. Hist. nat. Poiss., t. IX, p. 195, pl. 257.
— Dum. Poiss. Afr. occ., p. 262, n° 92.

Ouorsounn. — Assez rare ; — se tient sur les fonds rocheux : Dakar, Gorée, Rufisque.

Gen. **ARGYREIOSUS** Leach.

141. ARGYREIOSUS Lacep.

Argyreiosus setipinnis Lacep. *in* Gunth. Cat. Fish. Brit., Mus. t. II, p. 459.
Vomer Goreensis Gunth. *in* Dum. Poiss. Afr. occ., p. 262, n° 89.
Vomer Gabonensis Guich. *in* Dum. Poiss. Afr. occ., p. 262, n° 90.
Vomer Senegalensis Guich. *in* Dum. Poiss. Afr. occ., p. 262, n° 91.

Jalisougay. — Très commun, en octobre et novembre : — Gorée, Dakar, Rufisque, toute la côte ; — n'est pas estimé comme aliment.

A l'exemple de M. Steindachner (*Fish. Des. Sénég. p.* 38) nous réunissons à l'*A. setipinnis* les espèces précitées, mentionnées par Dumeril ; elles ne constituent que des variétés de sexe et surtout d'âge.

Gen. **MICROPTERYX** Agass.

142. MICROPTERYX CHRYSURUS Agass.

Micropteryx chrysurus Agass. *in* Gunth. Cat. Fish. Brit. Mus., t. II, p. 460.
Seriola cosmopolita C. V. Hist. nat. Poiss., t. IX, p. 219.
— Dum. Poiss. Afr. occ., p. 262, d° 93.

Gorée, Dakar.

Gen. **SERIOLA** Cuv.

143. SERIOLA DUMERILII Riss.

Seriola Dumerilii Riss. Eur. merid., t. III, p. 424.
— V. C. Hist. nat. Poiss., t. IX, p. 201, pl. 258.

Seriola Dumerilii Gunth. Cat. Fish. Brit. Mus., t. II, p. 462.
— Valenc. Ichth. Canar., p. 57.

Dyayhah. — Se pêche toute l'année, principalement à Gorée et à Dakar ; — vit par troupes excessivement nombreuses.

D'après M. Gunther (*loc. cit.*), cette espèce varie un peu comme coloration. Les individus Sénégambiens diffèrent, sous plusieurs rapports, des types décrits par Cuvier : — partie supérieure d'un bleu violacé foncé ; dix ou douze bandes verticales, à base arrondie, de couleur semblable, ne dépassant pas la ligne latérale ; 1re et 2e dorsales également bleu violacé, à rayons plus foncés ; pectorales, anale et caudale, jaunâtres lavées de brun ; ventrales rosées ; iris jaune blanc.

Les très jeunes individus, selon Cuvier (*loc. cit.*, p. 304), ont de cinq à six bandes noirâtres larges, de chaque côté.

Le séjour constant de ce poisson dans les eaux de Dakar et de Gorée, ainsi que sa taille, dont le maximum dépasse rarement 0,425, nous portent à penser que sa coloration ne peut dépendre de l'âge ; il faut y voir tout au moins une variété bien tranchée ; peut-être même mériterait-elle d'être élevée au rang d'espèce, et de porter alors le nom de : *Seriola Dakariensis.*

Gen. **LICHIA** Cuv.

144. LICHIA AMIA Cuv.

Lichia amia Cuv. Reg. an., t. III, Poiss., pl. 54, fig. 3.
— Gunth. Cat. Fish. Brit. Mus., t. II, p. 476
— Dum. Poiss. Afr. occ., p. 262, n° 76.

Gorée, Saint-Louis.

145. LICHIA GLAUCA Riss.

Lichia glauca Riss. Eur. mérid., t. III, p. 429.
— Valenc. Ichth. Canar., p. 56, pl. 13, fig. 1.
— Gunth. Cat. Fish. Brit. Mus., t. II, p. 477.
— Steind. Fish. Des. Sénég., p. 39.
— Dum. Poiss. Afr. occ., p. 262, n° 77.

Glaucus Rondeletii Will. Hist. Pisc., p. 297, t. s. 15, fig. 1, *in* Bleck. Poiss. Guin., p. 75-76.

Therail. — Gorée, Saint-Louis, Dakar; — pêché en novembre et décembre; — assez estimé comme aliment.

146. LICHIA VADIGO Riss.

Lichia vadigo Riss. Eur. mérid., t. III, p. 430.
— C. V. Hist. nat. Poiss., t. VIII, p. 363, pl. 235.
— Valenc. Dict. Hist. nat., t. XI, p. 238.
— Gunth. Cat. Fish. Brit. Mus., t. II, p. 478.

Hiette. — Gorée, Dakar, Joalles, Rufisque; — décembre; — avec les autres espèces du même genre.

147. LICHIA CALCAR C. V.

Lichia calcar C. V. Hist. nat. Poiss., t. VIII, p. 366.
— Gunth. Cat. Fish. Brit. Mus., t. II, p. 479.
— Dum. Poiss. Afr. occ., p. 262, n° 78.

Hiettediojh. — Cap Sainte-Marie, cap Roxo, embouchure de la Gambie; — pêché en octobre et novembre; — peu estimé.

Gen. TEMNODON C. V.

148. TEMNODON SALTATOR C. V.

Temnodon saltator C. V. Hist. nat. Poiss., t. IX, p. 260.
— Gunth. Cat. Fish. Brit. Mus., t. II, p. 480.
— Valenc. Ichth. Canar., p. 58, pl. 13, fig. 2.
— Dum. Poiss. Afr. occ., p. 262, n° 94.

Gottjhe. — Très commun en mars et avril: — Guet N'Dar, Babagaye, banc d'Argain, cap Vert, Gorée, Dakar.

Gen. **SPARACTODON** Rochbr.

Corpus ellipticum, subcompressum, squamis latis; preoperculum indentatum; pinna dorsalis setis tenuibus; pinna analis inarmata; dentes brevibus crassis conicis; tabula palatina dentibus villosis, triangularibus tecta.

Corps elliptique, comprimé; écailles larges; préopercule non dentelé; première dorsale à épines faibles, contiguës; pas d'épines au devant de l'anale; ligne latérale lisse; bouche à peine protractile; une rangée de dents fortes, courtes, coniques aux deux maxilliaires; une seconde rangée de dents plus faibles, également coniques, au maxilliaire supérieur; plaque vomérienne triangulaire, à dents en velours.

Voisin du genre *Temnodon*, celui que nous proposons (σπὰραϰτης, déchireur, et οδους dent) s'en distingue: par la grandeur de ses écailles; la disposition de la dorsale et de l'anale; l'absence d'épines au devant de cette dernière; par son préopercule sans denticulations; enfin par la forme et l'agencement des dents maxillaires.

149. **SPARACTODON NALNAL** Rochbr.

Pl. IV, fig. 2.

Sparatodon Nalnal Rochbr. Bull. Soc. Phil. Paris, 22 mai 1880.

S. — Corpus ellipticum, subcompressum, superne griseum, inferne argenteum, puncticulis nigris undique pictum; pinnæ dorsales pectoralesque, lutescentibus; ventrales, roseis; caudalis pallide olivacea.

Long. 0,350.

D $\frac{VII}{24}$; P 15; V 7; A 21; C 19; L. Lat. 98-100; L. Trans. 11-22.

Hauteur du corps comprise 5 fois dans la longueur totale; longueur de la tête contenue 4 fois dans cette même longueur; museau fort, épais, faiblement protractile; œil large, diamètre égalant 4 fois la longeur de la tête: espace interorbitaire 1 1/2 du diamètre de l'œil; préopercule sans denticulations, arrondi; dents courtes, fortes, coniques, espacées, disposées sur le bord des maxillaires; 12-15 à l'inférieur, 18-20 au supérieur, où existe, en arrière du premier rang, une deuxième série de dents plus faibles, également coniques; plaque vomérienne petite, triangulaire, à dents en velours; première dorsale à épines faibles, les première, deuxième et sixième les plus courtes, à sommet libre, commençant au niveau de la moitié des pectorales; la deuxième dorsale commençant un peu avant l'origine de l'anale, allongée, concave, la partie antérieure la plus haute, égalant le cinquième de la hauteur du corps; anale, sans épines à la base, plus courte que la deuxième dorsale, fortement échancrée, à lobes aigus, égaux.

Teinte générale grise; ventre blanc argenté; sommet de la tête bleuâtre; opercule et préopercule, blanchâtre rosé; ligne latérale noire; un picté noir très fin sur les flancs et la région operculaire; dorsale et anale jaunâtres, semées de points noirs; pectorales jaunâtres; ventrales blanc rosé; caudale verdâtre sale; iris blanc.

Nalnal. — Vit par bandes; — fréquemment pêché en novembre et décembre; — Saint-Louis, Guet N'Dar, pointe des Chameaux, Babagaye; — plus rare à Gorée, Rufisque et Joalles; — remonte très rarement le fleuve à l'époque de l'hivernage; — très estimé comme aliment.

M. Steindachner (*Beitr. Kennt. Fish. Afr.*, p. 35), discute les caractères que nous avons assignés au *Sparactodon Nalnal*, et il en conclut à son identité probable avec le *Temnodon saltator* C. V.

Il suffit de relire notre description et de la comparer à celle du *T. saltator*, telle qu'elle est établie par Gunther (*Cat. Fish. Brit.*, p. 479-480, t. II) et invoquée par M. Steindachner, pour reconnaître les caractères distinctifs des deux genres et des deux espèces.

Nous ajouterons que l'étude du type déposé dans les galeries du Muséum de Paris, faite comparativement avec un grand nombre de *Temnodon saltator*, de différentes tailles et de diverses provenances, par MM. Vaillant et Sauvage, dont l'autorité n'est pas discutable, est venue confirmer la légitimité du genre que nous avons proposé

Nous sommes convaincu que le jour où M. Steindachner voudra examiner notre type, il reconnaîtra sans aucune difficulté qu'il mérite d'être séparé des *Temnodon*.

Gen. **TRACHYNOTUS** Lacep.

150. TRACHYNOTUS OVATUS Lin.

Trachynotus ovatus L. *in* Gunth. Cat. Fish. Brit. Mus., t. II. p. 481.
  — Steind. Fish. Des. Sénég., p. 41.
Trachynotus teraia C. V. Hist. nat. Poiss., t. VIII, p. 418. (jun.)
  — Dum. Poiss. Afr. occ., p. 262, n° 79.

Gorée, Saint-Louis.

151. TRACHYNOTUS GOREENSIS C. V.

Trachynotus Goreensis C. V. Hist. nat. Poiss., t. VIII, p. 419 (*non* Bleck.).
  — Gunth. Cat. Fish. Brit. Mus., t. II, p. 483.
  — Steind. Fish. Des. Sénég., p. 39.
  — Dum. Poiss. Afr. occ., p. 262, n° 81.
Trachynotus myrias C. V. Hist. nat. Poiss., t. VIII, p. 421.
  — Gunth. Cat. Fish. Brit. Mus., t. II, p. 483,
  — Dum. Poiss. Afr. occ., p. 262, n° 83.
Trachynotus maxillosus C. V. Hist. nat. Poiss., t. VIII, p. 420 (adulte.)
  — Bleck. Poiss. Guin., p. 78, pl. XVIII.
  — Dum. Poiss. Afr. occ., p. 262, n° 82.

Doum-Doung. — Commun : — Saint-Louis, Sénégal, marigots de Leybar, des Maringouins, de Thionk, DakarBango.

Les *T. myrias* et *maxillosus* ne doivent être considérés que comme des exemplaires d'âges différents, du *T. Goreensis*.

152. TRACHYNOTUS TERAIOIDES Guich.

Trachynotus teraioides Guich. *in* Dum. Poiss. Afr. occ., p. 246-262, n° 80.
  — Steind. Fish. Des. Sénég., p. 42, tab. XII.

Saint-Louis.

153. TRACHYNOTUS MARTINI Steind

Trachynotus Martini Steind. Fish. Des. Sénég., p. 43.

Sénégal.

Gen. **PSETTUS** Comm.

154. PSETTUS SEBÆ C. V.

Psettus Sebæ C. V. Hist. nat. Poiss., t. VII, p. 181.
— Gunth. Cat. Fish. Brit. Mus., t. II, p. 486.
— Bleck. Poiss. Guin., p. 68.
— Steind. Fish. Des. Sénég., p. 45.
— Dum. Poiss. Afr. occ., p. 262, n° 68.

Thiakarack (jeune) **Thiakarack reck** (adulte). — Habite le Sénégal,
pendant tout l'hivernage; — n'est jamais mangé par les nègres.

Blecker (*loc. cit.*) soutient l'opinion d'Artedi (*in* Seba. Thes. III,
p. 63) relative à la dentition de cette espèce, opinion suivant
laquelle existeraient cinq groupes distincts de dents (un vomé-
rien, deux palatins, deux ptérigoidiens), et il ne « comprend
» pas l'assertion de Cuvier lorsqu'il nie l'existence des dents
» palatines. »

L'examen du type recueilli par Heudelot (n° 256, 1 *de la coll.
Ichth. du Mus.*) et d'un grand nombre d'exemplaires recueillis
par nous dans le Sénégal, démontre comme toujours que Cuvier ne s'est pas trompé. Dans certains cas très rares, on constate une plaque vomérienne petite, triangulaire, avec quelques dents villiformes, à peine visibles à un assez fort gros-
sissement; mais de semblables n'existent nulle part ailleurs. Il
faut avoir affaire à de très jeunes individus pour apercevoir la
plaque vomérienne; ces dents, pour ainsi dire rudimentaires,
disparaissent promptement et ne peuvent avoir qu'une valeur
négative, en tant que caractère.

La coloration du *Psettus Sebæ* varie considérablement suivant
l'âge. La description de Cuvier (*Loc. cit.*) s'applique à nos échantillons de 0,080 à 0,100 de longueur; elle en diffère seulement

en ce que la bande oculaire est parfaitement marquée et que tout
le corps, blanc argenté, est pointillé de brun; les trois bandes
brunes sont pointillées de brun plus foncé; les nageoires d'un
jaunâtre clair; l'iris rosé.

Chez l'adulte, de 0,250 à 0,320 de longueur, la partie supérieure est d'un bleu brillant intense; le ventre blanc bleuâtre;
la dorsale et l'anale gris violacé; les pectorales jaunes à reflets
orangés; la caudale verdâtre, avec une bande blanche à son
extrémité; l'iris rouge.

Cuvier a été induit en erreur en indiquant la capture du *P.
Sebæ* dans le Sénégal à l'époque où le fleuve est salé. C'est à
l'époque de l'hivernage qu'il apparaît, en bandes tellement
innombrables, qu'à cette espèce surtout peut s'appliquer l'expression d'Adanson : « .... ces bancs de poissons si serrés qu'ils
» roulaient au-dessus les uns des autres. » (*Hist. nat. du Sénég.*,
p. 98.)

Le mode de natation du *P. Sebæ* est remarquable. La tête
dirigée en bas, la caudale au niveau de l'eau, il progresse en
agitant ses deux pectorales de haut en bas et de bas en haut,
imprimant ainsi au corps, perpendiculaire par rapport à leur
axe, un mouvement dans le même sens, analogue à celui d'un
flotteur, montant et descendant au milieu d'un liquide.

Fam. **XIPHIIDÆ** Agass.

Gen. **XIPHIAS** Arted.

155. XIPHIAS GLADIUS Lin

Xiphias gladius Lin. Syst., t. I, p. 432.
— C. V. Hist. nat. Poiss., t. VIII, p. 255, pl. 225-226.
— Gunth. Cat. Fish. Brit. Mus., t. II, p 511.

Bangjhojh. — Très rare : — pêché au large : cap Blanc; — un individu de 0,2132 pris en rade de Guet N'Dar.

156. XIPHIAS VELIFER Cuv.

Machæra velifera Cuv. Nouv. Ann. Mus. Hist. nat. 1832, p. 43, pl. 3.
— Gunth. Cat. Fish. Brit. Mus., t. II, p. 512.

Oumbajhe. — Assez fréquemment pris au large : Dakar, Gorée, Guet N'Dar.

A l'époque de notre séjour à Dakar, nous avons observé dans le Musée de cette localité une peau de *Xiphias velifer* mesurant une longueur de 1,25 ; l'individu avait été pêché en rade de Gorée, au milieu d'une bande de nombreux sujets de la même espèce.

Gen. **HISTIOPHORUS** C. V.

157. HISTIOPHORUS GLADIUS Brown.

Histiophorus gladius Brown. *in* Gunth. Cat. Fish. Brit. Mus., t. II,
p. 513.
Histiophorus Americanus C. V. Hist. nat. Poiss., t. VIII. p. 303.
— Dum. Poiss. Afr. occ., p. 262, n° 74.

Un individu de 1,32, pris au large de Gorée, existait également dans la collection réunie à Dakar.

Fam. **GOBIIDÆ** Owen.

Gen. **GOBIUS** Arted.

158. GOBIUS LATERISTRIGA Dum.

Gobius lateristriga Dum. Poiss. Afr. occ., p. 247, pl. XXI, fig. 1, 1ª.
p. 263, n° 114.

Hiben. — Peu commun : — Casamence, Gambie ; — rapporté par M. Bouvier ; — très rare à Saint-Louis.

159. GOBIUS HUMERALIS Dum.

Gobius humeralis Dum. Poiss. Afr. occ., p. 248, pl. XXI, fig. 2, t. a,
p 263, n° 112.

Hiben. — Peu commun : — Casamence, Gambie ; — rapporté par M. Bouvier ; — très rare aux marigots de Sorres.

160. GOBIUS MENDRONI Svg.

Gobius Mendroni Svg. Bull. Soc. Phil. Paris, 1879-1880.

Hiben. — Commun au Sénégal : — bras droit du fleuve ; — récolté par nous et par M. Bouvier : — Casamence, Gambie ; — à Saint-Louis, par M. Mendron.

Nous donnons textuellement la description publiée par M. le docteur Sauvage d'après un échantillon du Muséum identique à ceux que nous avons pris et à ceux également recueillis par M. Bouvier,

$$ D \frac{VI}{1.11} \; ; \; A \frac{1}{10} \; ; \; L. \text{ LAT. } 36. $$

Hauteur du corps comprise près de 6 fois dans la longueur de la tête, 4 1/2 dans la longueur totale ; tête bien plus large que haute ; pas d'écailles sur la tête ; museau un peu plus long que l'œil, dont le diamètre est contenu 4 fois 1/2 dans la longueur de la tête ; pas de canines ; maxillaires s'étendant jusqu'au niveau du centre de l'œil ; écailles ctenoïdes ; dix séries d'écailles entre l'anale et la deuxième dorsale ; rayons supérieurs des pectorales non soyeux ; ventrales n'atteignant pas l'anus ; caudale arrondie, contenue cinq fois dans la longueur totale du corps.
Jaune brunâtre avec de nombreuses bandes verticales de couleur foncée ; tête de couleur brune ; anale, ventrales et pectorales sablées de noir ; tache noire peu marquée à la partie supérieure de la base des pectorales ; deux lignes brunes à la base de la caudale ; dorsales avec des taches nuageuses brunâtres.
Long. 0,080.

161. GOBIUS CASAMANCUS Rochbr

Pl. V, fig. 1, 2.

Gobius Casamancus Rochbr. Bul. Soc. Phil. Paris, 22 mai 1880.

G. — CORPUS OBLONGO CONICUM, PALLIDE FUSCUM, 3 FASCIIS LONGITU-

DINALITER DISPOSITIS ET 2 MACULIS NIGRESCENTIBUS ORNATUM;
CAPUT PUNCTICULIS CÆRULEIS SPARSUM; PINNIS FUSCIS.

LONG. 0,057.

$$D \frac{VI}{1\text{-}12}; \ A \frac{1}{10}. \ L. \ LAT. \ 33.$$

Hauteur du corps comprise 6 fois dans la longueur totale; longueur de la tête 3 1/6 dans cette longueur, la largeur égalant
1 1/2 de sa longueur; diamètre de l'œil contenu 3 1/2 fois dans la
longueur de la tête: longueur du museau égal au diamètre de
l'œil; yeux situés sur un plan presque horizontal; diamètre interorbitaire 1 1/7 de celui de l'œil; lèvres épaisses; dents pointues coniques; pas de canines; dorsales séparées, leur hauteur
contenue 1 1/2 dans la hauteur du corps; anale de même hauteur; pectorales allongées, elliptiques.

Teinte générale brun pâle; trois bandes longitudinales étroites, parallèles, noirâtres, la première au niveau des dorsales, la
deuxième un peu en dessous, la troisième le long de la ligne
latérale; nageoires brunâtre clair, ponctuées de plus foncé; 2
taches noirâtres à la base des pectorales; opercule et préopercule
à maculatures bleuâtres; iris de même couleur.

Recueilli dans la rivière Casamence par M. Bouvier.

Voisin du *G. lateristriga* Dum. et *Mendroni* Svg., il se distingue du premier par la forme de la tête, plus longue et moins
large; par les yeux un peu plus latéraux; l'espace interorbitaire
plus grand; et sa coloration particulière. Il diffère du second
par sa tête plus allongée; son museau plus court; la petitesse de
l'espace interoculaire; la forme de sa caudale; également aussi
par la distribution des teintes.

Gen. **PERIOPHTHALMUS** Schw.

162. **PERIOPHTHALMUS PAPILIO** Bleck.

Periophthalmus papilio Bleck. Schn., p. 63. tab. 14.
    —   C. V. Hist. nat. Poiss., t. XII, p. 190, pl. 353.
    —   Dum. Poiss. Afr. occ., p. 263, n° 105.
Periophthalmus Koelreuteri var. ε *papilio* Gunth. Cat. Fish. Brit.
Mus., t. III, p. 99.

Moad Machère. — Excessivement commun sur les bords de tous les marigots : Sorres, Thiouk, Leybar ; — Ile au bois, etc.

L'étude du *P. papilio* vivant nous a permis de noter exactement ses couleurs ; elles diffèrent de celles décrites par les auteurs.

Dos brun rougeâtre ; ventre jaune pâle ; dix à douze bandes verticales brunâtres nuageuses, de chaque côté ; première dorsale très élevée, violet bleu intense à sa base, sa seconde moitié à bandes horizontales bleu clair et rougeâtre, alternant entre elles ; deux larges bandes ondulées, blanches, bordées de noir foncé dans le dernier tiers ; seconde dorsale rosée bleuâtre, 4 bandes bleu clair et blanches alternant dans sa moitié supérieure ; caudale brunâtre à rayons rouges ; pectorales et ventrales de même couleur ; anale bleuâtre à rayons rosés ; toute la région operculaire et le pédicule des pectorales couverts de points bleu clair, à centre blanc ; iris d'un rouge intense. Cette description est prise sur des individus de 0,157, de longueur.

163. PERIOPHTHALMUS GABONICUS Dum.

Periophthalmus gabonicus Dum. Poiss. Afr. occ., p. 250, pl. XXII, fig. 4, p. 263, nº 106.

Moad Machère. — Mêmes localités que le précédent.

164. PERIOPHTHALMUS ERYTHRONOTUS Guich.

Periophthalmus erythronotus Guich. *in* Dum. Poiss. Afr. occ., p. 250, pl. XXII, fig. 5.

Moad Machère. — Mêmes localités que les précédents.

Les trois *Periophthalmes* Sénégambiens, dont les caractères sont assez tranchés pour que leur place au rang d'espèce soit conservée, ce que M. Gunther eût sans doute fait s'il les eût connus à l'époque où il publiait son Catalogue des Poissons du Musée Britannique, vivent ensemble dans les mêmes localités, et ont les mêmes mœurs.

Adanson dit (Cuvier, *loc. cit.*) que les *Periophthalmes* marchent et sautent, à mer basse, sur la vase du fleuve et qu'ils sont appelés *Tibilank* par les nègres.

Le nom de *Tibilank* pouvait exister lors du voyage d'Adanson ; aujourd'hui il est oublié et remplacé par le nom de *Moad Machère*. D'un autre côté nous n'avons jamais observé de *Periophthalmes* à mer basse. En revanche, les bords des marigots de tout le Sénégal en sont couverts ; constamment hors de l'eau, à la chasse des insectes dont ils font leur nourriture exclusive, ils marchent avec rapidité sur la vase, toutes les nageoires couchées, se servant des pectorales comme de pattes qu'ils agitent vivement pour franchir des espaces assez considérables, et se précipitant, au moindre bruit, soit dans l'eau, soit dans les trous profonds creusés par des Décapodes appartenant aux genres *Cardisoma* et *Sesarma*.

Le naturaliste, en les voyant pour la première fois en arrêt, soulevés sur leurs pectorales, croit apercevoir des Batraciens urodèles, ou des Lacertiens d'un nouveau genre.

La faculté de vivre longtemps hors de l'eau dont jouissent les *Periophthalmes*, réside dans une disposition particulière de l'appareil branchial ; nous en étudierons la structure dans un mémoire spécial. Comme exemple de la vitalité de ces animaux, nous citerons seulement le fait suivant : durant les plus fortes chaleurs de juillet, plusieurs exemplaires que nous avions réunis pour l'étude, dans un vase large et profond, après avoir gravî le long des bords perpendiculaires du vase et s'être échappés, franchirent un escalier de quinze marches et furent retrouvés, trois heures après, à cinq cents mètres de notre habitation, dans le sable brûlant d'une rue de Saint-Louis, où nous pûmes les reprendre ; rapportés et plongés dans le vase, ils vécurent longtemps, faisant chaque jour de nouvelles fuites et restant des heures entières sur le sable, sans en éprouver aucun mal. La nuit ils se tenaient appliqués sans mouvement le long de la paroi du vase, position qu'ils affectionnent dans les trous de *Cardisoma* et de *Sesarma*, où ils se refugient la nuit, comme nous nous en sommes assuré maintes fois.

Gen. **ELEOTRIS** Gronov.

165. ELEOTRIS GUAVINA C. V.

Eleotris guavina C. V. Hist. nat. Poiss., t. XII, p. 223.
— Gunth. Cat. Fish. Brit. Mus., t. III, p. 124.
— Dum. Poiss. Afr. occ., p. 248-263, n° 108.

Boudeckh. — Assez rare : — marigots de Saint-Louis, des Marin-gouins, de Leybar, Casamance, Gambie.

Le doute émis par Dumeril (*loc. cit.*) relativement à cette es-pèce, est tranché par les quelques exemplaires provenant des ma-rigots du Sénégal. Malgré la mauvaise conservation de l'échan-tillon rapporté par Adanson, Valenciennes (*loc. cit.*) ne s'était nullement trompé en le rapportant à l'*E. guavina*. Nos types, ainsi que ceux de la Casamence communiqués par M. Bouvier, concordent en tout avec la description de Valenciennes; le *Boudé* d'Adanson est bien notre *Boudeckh* des Ouoloffs.

166. ELEOTRIS VITTATA Dum.

Eleotris vittata Dum. Poiss. Afr. occ., p. 249, pl. XXI, fig. 4. 4ᵃ,
p. 263, n° 110.

Mondejh. — Rare : — Gambie, Casamence, d'où l'a rapporté M. Bou-vier.

167. ELEOTRIS DUMERILLII Svg.

Eleotris Dumerillii Svg. Bull. Soc. Phil. Paris, 1879-1888.
Eleotris maculata Dum. Poiss. Afr. occ., p. 248, pl. XXI, fig. 3. 3ᵃ,
p. 263, n° 109. (*non* Gunth. Cat. Fish. Brit. Mus., t. III, p. 112.)

Mondejh. — Peu commun : — Gambie, Casamence (M. Bouvier).

Le nom spécifique de *maculata* existant déjà pour un *Eleotris* Américain, M. le docteur Sauvage a dû donner celui de *Dume-*

rillii à l'espéce Sénégambienne, décrite postérieurement par Dumeril.

168. ELEOTRIS MALTZANI Steind.

Eleotris Maltzani Steind. Beitr. Kennt. Fish. Afrik., p. 24.

Rufisque. (*Teste* Steindachner); — rare.

Fam. BATRACHIDÆ Cuv.

Gen. BATRACHUS Schn.

169. BATRACHUS DIDACTYLUS Bleck.

Batrachus didactylus Bleck. Sch., p. 42.
  —   Gunth. Cat. Fish. Brit. Mus., t. III, p. 170.
Batrachus barbatus C. V. Hist. nat. Poiss., pl. XII, p. 498.
  —   Dum. Poiss. Afr. occ., p. 263, nº 114.

Tienthann. — Se tient dans les parages rocailleux : — rarement pê-ché ; — juillet et août ; — les nègres le redoutent et prétendent que son contact est mortel ; — rade de Guet N'Dar, Dakar, Gorée, banc d'Argain.

Fam. PEDICULATI Cuv.

Gen. ANTENNARIUS Comm.

170. ANTENNARIUS PARDALIS C. V.

Antennarius pardalis C. V. *in* Gunth. Cat. Fish. Brit. Mus., t. III,
    p. 198.
Chironectes pardalis C. V. Hist. nat. Poiss., t. XII, p. 420, pl. 363.
  —   Dum. Poiss. Afr. occ., p. 263, n° 113.

Gorée. — Long. 0,060.

171. ANTENNARIUS MARMORATUS Gunth.

Antennarius marmoratus Gunth. Cat. Fish. Brit. Mus., t. III, p. 185.
    var. δ *gibba.* (Gunth. *loc. cit.*, p. 187).

Chironectes gibbus Dekay, New-York Faun. Fish., p. 164, pl. 24, fig. 74.

Jkgay. — Assez rare : — Gorée, Dakar, embouchure de la Gambie ; — est partout un épouvantail pour les nègres, qui redoutent ce poisson comme mortel ; — long. 0,102.

Fam. **BLENNIIDÆ** Owen.

Gen. **BLENNIUS** Arted.

172. BLENNIUS GOREENSIS c. v.

Blennius Goreensis C. V. Hist. nat. Poiss., t. XI, p. 255.
— Dum. Poiss. Afr. occ., p. 263, n° 103.

Côtes de Gorée.

173. BLENNIUS BOUVIERI Rochbr.

Pl. V, fig. 3, 4.

Blennius Bouvieri Rochbr. Bull. Soc. Phil. Paris, 22 mai 1880.

B. — Corpus oblongum, desuper roseo fuscum, inferne argentatum, 3 fasciis longitudinaliter dispositis, nigris ornatum ; pinna dorsalis cærulea, fusco maculata, marginata ; caudalis pectoraleeque, fuscis.

$$D \frac{XII}{20}; \text{ A } 20; \text{ Leg. L. } 44.$$

Hauteur du corps comprise 5 fois dans la longueur totale ; celle de la tête égale au cinquième de cette longueur ; hauteur de la tête 1 1/4 de la largeur, diamètre de l'œil compris 3 1/2 dans la longueur de la tête ; espace interoculaire 1/2 du diamètre de l'œil ; région frontale fortement bombée ; tentacules susorbitaires en lanières plates elleptiques, égalant 1/2 du diamètre de l'œil ; opercule et préopercule profondement striés ; dents pectinées, une canine à l'angle interne de la commissure des deux maxillaires, les inférieures plus fortes que les supérieures ; dorsale commençant au niveau de la partie libre de l'opercule, contiguë avec la caudale, arrondie en arrière; pectorales ovoïdes, dépassant faiblement l'anus; ventrales à deux rayons forts, rigides, le supérieur plus court que l'inférieur.

Coloration uniforme, brun rosé clair, trois bandes longitudinales parallèles noirâtres sur les flancs; ventre gris argenté; dorsale bleuâtre clair, à rayons plus foncés; une macule brune à la base de chacun d'eux; bande brun bleuâtre le long du bord supérieur de la dorsale et de l'anale, celle-ci bleu clair, à partie libre des rayons, blanc; caudale et pectorales brunâtres; iris paraissant blanc bleuâtre.

Rivière Casamence; — assez commun; — recueilli par M. Bouvier.

Le *Blennius sanguinolentus* Pall. est l'espèce dont la nôtre se rapproche le plus; elle s'en différencie: par les dimensions de la tête; le nombre des canines; la forme des tentacules et la disposition des couleurs.

Gen. **CLINUS** Cuv.

174. CLINUS NUCHIPENNIS Q. G.

Clinus nuchipennis Quoy et Gaim. Voy. Uran. Zool., p. 255.
— Gunth. Cat. Fish. Brit. Mus., t. III, p. 262.
Clinus pectinifer C. V. Hist. nat. Poiss., t. XI, p. 374.
— Dum. Poiss. Afr. occ., p. 263, nº 104·

Côtes de Gorée.

175. CLINUS PEDATIPENNIS Rochbr.
(Pl. VI, fig. 2, 3, 4.)

Clinus pedatipennis Rochbr, Bull. Soc. Phil. Paris, 22 mai 1880.

C. — Corpus oblongum, pallide cæruleum, fusco marmoratum; pinnis fuscis nigro maculatis; operculum albo maculatum; tentaculis pediculatis.

Long. 0,075

$$D \frac{XVIII}{12}; A \frac{2}{30} \text{ L. Lat. 68.}$$

Hauteur du corps 5 1/4 de la longueur; longueur de la tête comprise 4 fois dans la longueur totale; sa hauteur égale à 1 1/5 de sa longueur; longueur du museau égale au diamètre de l'œil; celui-ci compris 3 fois dans la longueur de la tête; tentacules susorbitaires au nombre de 16, égalant 1/2 du diamètre de l'œil, réunis sur un pédicule ovalaire, à base étroite; dorsales continues, la deuxième un peu plus haute que la première; caudale elliptique.

Gris bleuâtre marbré de brun; nageoires brun très clair, ponctuées de brun noirâtre, les points disposés en lignes parallèles, avec tache bleuâtre à l'opercule.

Assez commun : — rivière Casamence (M. Bouvier).

Cette espèce se distingue du *C. nuchipennis* (avec lequel elle offre certains points de similitude) : par sa forme plus élancée; la longueur plus grande de la tête; la faiblesse relative des rayons de la première dorsale; la moins grande hauteur de la deuxième; l'absence de tentacules nasaux et occipitaux; et surtout par ses tentacules orbitaires, nombreux, filiformes et portés sur un pédicule ovalaire.

Fam. **ACRONURIDÆ** Bleek.

Gen. **ACANTHURUS** Bloch.

176. ACANTHURUS CHIRURGUS Bloch.

Acanthurus chirurgus Bloch. Schn., p. 214.
  —   C. V. Hist. nat. Poiss., t. X, p. 168.
  —   Gunth. Cat. Fish. Brit. Mus., t. III, p. 329.
Acanthurus phlebotomus C. V. Hist. nat. Poiss., t. X, p. 176, pl. 287.
  —   Dum. Poiss. Afr. occ., p. 263, n° 96.

Sourrouzen. — Peu commun : — parages rocheux, en rade de Guet N'Dar, Dakar, Gorée.

D'un brun noirâtre à la partie supérieure, les exemplaires de Guet N'Dar ont une ligne d'un noir intense le long du dos et de la portion antérieure de la tête; le ventre est blanc jaune pâle; huit lignes étroites, ondulées, rose lilas, s'étendent horizontalement de chaque côté; toutes les nageoires sont brunâtres, à rayons noirs; les pectorales ont leur moitié inférieure d'un rouge orangé; la même couleur règne aux lèvres, à l'opercule et au préopercule; une bande également rouge orangé se montre au centre de la caudale et à son extrémité libre; l'épine caudale, brun rouge, est entourée d'un cercle ovalaire rouge orangé; l'iris est blanc bleuâtre.

Fam. **MUGILIDÆ** Bleck.

Gen. **MUGIL** Arted.

177. MUGIL CEPHALUS Cuv.

Mugil cephalus Cuv. Reg. an.
— C. V. Hist. nat. Poiss., t. XI, p. 19, pl. 307.
— Gunth. Cat. Fish. Brit. Mus., t. III, p. 417.
— Dum. Poiss. Afr. occ., p. 263, nᵒ 97.

Thian. — Très commun : — pêché à la barre du Sénégal et dans tous les marigots ; — juillet-août.

178. MUGIL ÖUR Forsk.

Mugil Öur Forsk. p. XIV, nᵒ 100.
— Var. γ Rupp. N. W. Fish., p. 131.
— Steind. Beitr. Kennt. Fish. Afrik., p. 24.
Mugil cephalotus C. V. Hist. nat. Poiss., t. XI, p. 110.

Rufisque, Gorée (*teste* Steindachner).

179. MUGIL GRANDISQUAMIS C. V.

Mugil grandisquamis C. V., Hist. nat. Poiss., t. XI, p. 103.
— Dum. Poiss. Afr. occ., p. 263, nᵒ 99.

Sénégal

180. MUGIL CAPITO Cuv.

Mugil capito Cuv. Reg. an.
— C. V. Hist. nat. Poiss., t. XI, p. 36, pl. 308.
— Gunth. Cat. Fish. Brit. Mus., t. III, p. 439.

Dane Dane. — Commun : — barre du Sénégal, tous les marigots ; — juillet-août ; — Casamence (M. Bouvier).

181. MUGIL BREVICEPS C. V.

Mugil breviceps C. V. Hist. nat. Poiss.. t. XI, p. 106.
— Dum. Poiss. Afr. occ., p. 263, n° 101.

Gorée.

182. MUGIL SALIENS. Riss.

Mugil saliens Riss. Ichth. Nice, p. 345
— C. V. Hist. nat. Poiss., t. XI, p. 47, pl. 309.
— Dum. Poiss. Afr. occ., p. 263, n° 98.

Sénégal.

183. MUGIL CRYPTOCHILUS C. V.

Mugil cryphtochilus C. V. Hist. nat. Poiss., t. XI, p. 61.
— Gunth. Cat. Fish. Brit. Mus., t. III, p. 444.
— Dum. Poiss. Afr. occ., p. 263, n° 102.

Demm. — Peu commun · — les bricanto, Corée ; — remonte plus rarement le fleuve, avec ses congénères ; — juillet-août ; — long. 0,550.

184. MUGIL HYPSELOPTERUS Gunth.

Mugil hypselopterus Gunth. Cat. Fish. Brit. Mus., t. III, p. 450.

Thiarrh. — Assez fréquent : — marigots de Saint-Louis et le haut Sénégal, Gambie, embouchure de la Falèmé.

Identiques aux types décrits par M. Gunther (*loc. cit.*), nos exemplaires s'en distinguent seulement : par la coloration jaune de la caudale, de la base de l'anale, et des pectorales ; ces dernières avec une tache noirâtre à leur origine.

185. MUGIL SCHLEGELI Bleck.

Mugil Schlegeli Bleck. Poiss. Guin., p. 92, tab. XIX, fig. 1.

Segnall. — Assez commun : — Casamence, d'où M. Bouvier en a rapporté quelques bons spécimens ; — se rencontre rarement dans les brisants et à la barre du Sénégal, d'où nous nous en sommes cependant procuré un, de 0,110.

186. MUGIL FALCIPINNIS C. V.

Mugil falcipinnis C. V. Hist. nat. Poiss., t. XI, p. 105.
— Gunth. Cat. Fish. Brit. Mus., t. III, p. 453.
— Dum. Poiss. Afr. occ., p. 263, n° 100.

Jhrrh. — Très commun : — brisants, barre du Sénégal, marigots ; — plus rare à Gorée ; — atteint 0,490 de longueur.

187. MUGIL CHELO Cuv.

Mugil Chelo Cuv. Règ. An.
— C. V. Hist. nat. Poiss., t. XI, p. 50, fig. 309.
— Gunth. Cat. Fish. Brit. Mus., t. III, p. 454.

Pounayh. — Cap Blanc, Portendik ; — moins commun que les espèces précédentes ; — remonte exceptionnellement le fleuve ; — marigot des Maringouins ; — septembre et octobre.

Tous les *Mugil* Sénégambiens sont recherchés pour l'excellence de leur chair.

Gen. **MYXUS** Gunth.

188. MYXUS CURVIDENS C. V.

Myxus curvidens C. V. XI, p. 149, pl. 313.
— Gunth. Cat. Fish. Brit. Mus., III, p. 467.
— Steind. Beitr. Kennt. Fish. Afrik., p. 26.

Rufisque, dans les marigots (*teste* Steindachner.)

Fam. **CENTRISCIDÆ** Bleck.

Gen. **CENTRISCUS** Lin.

189. CENTRISCUS GRACILIS Lowe.

Centriscus gracilis Lowe. Proc. Zool. Soc., 1839, p. 86.
— Gunth. Cat. Fish. Brit. Mus., t. III, p. 521.

Jhompi. — Rare : — banc d'Argain, Gorée, cap Sainte-Marie, cap Roxo ; — novembre.

Fam. **FISTULARIDÆ** Mull.

Gen. **FISTULARIA** Lin.

190. FISTULARIA TABACCARIA Lin.

Fistularia tabaccaria Lin. Mus. Fried. 1, p. 80, tab. 28, fig. 2.
— Gunth. Cat. Fish. Brit. Mus., t. III, p. 529.
Fistularia ocellula Dum. Poiss. Afr. occ., p. 260-263, n° 127.

Nanou. — Gorée, Dakar, banc d'Argain, cap Vert ; — fréquemment pêché par les nègres, qui ne le mangent pas, mais le donnent comme jouet à leurs enfants.

D'après M. Gunther (*loc. cit.*, p. 530) un très jeune sujet de *Fistularia tabaccaria*, pris dans les parages des îles Saint-Thomas (golfe de Guinée) par les Zoologistes de l'Expédition du Congo, prouve l'existence de ce genre sur les côtes Africaines de l'Atlantique.

Dès l'année 1716, Frezier (*Relation du Voyage de la mer du Sud aux côtes du Chili et du Pérou, fait pendant les années 1712-1713-1714*) signalait cette espèce dans les eaux du cap Vert : « il » y a dans la baie de Saint-Vincent, dit-il (*loc. cit.*, p. 12) une » infinité de poissons........ qui ont une queue de rat et » des taches rondes partout ; un de ceux que nous prîmes, » qui avait six pieds de long, est fort semblable au *Petimbuala*

» *Brasiliensis*, de Marcgrave, p. 148. » Cette simple observation prouve que le genre *Fistularia* était signalé sur les côtes d'Afrique, environ cent et quelques années avant que les explorateurs de l'expédition du Congo ne l'aient découvert. Ce fait de priorité établi, le *F. ocellata,* cité nominalement par Duméril (*loc. cit.*), doit-il être considéré comme une variété du *F. tabaccaria,* caractérisée par des taches plus nombreuses (probablement le même que l'exemplaire de Frezier, *ayant des taches rondes partout*), ou bien comme espèce distincte? Malheureusement nous ne connaissons pas le type d'après lequel Duméril a établi son espèce, et il n'en a laissé aucune description. Quoiqu'il en soit, un rapprochement, que nous faisons néanmoins sous toutes réserves, pourrait servir à élucider la question :

Castelnau (*Animaux nouv. ou rares recueillis dans les parties centrales de l'Amer. du Sud,* p. 60), sous le nom d'*Aulastoma Marcgravii,* désigne une *Fistulaire* de Rio, « d'un vert olivâtre, avec de nombreuses taches arrondies et bleues sur le corps, et quelques lignes longitudinales bleues, dont une bien marquée de chaque côté; à ventre aussi, en général, nuancé de cette dernière couleur. » Cette espèce, dit-il, me paraît être le *Petimbuala* de Marcgrave; c'est une espèce voisine, mais bien distincte, du *Fistularia tabaccaria.*

La ressemblance signalée par Frezier entre l'espèce qu'il a prise et celle de Marcgrave, d'un côté; la similitude de cette dernière avec les sujets de Castelnau, de l'autre, nous engagent à conclure que les individus du cap Vert et ceux du Brésil sont identiques: or si cette identité est reconnue, l'espèce de Duméril est bien la même, d'autant plus que le cap Vert et Gorée sont deux localités assez voisines pour nourrir des animaux semblables, fait démontré du reste.

Il resterait maintenant à savoir si l'espèce de Castelnau doit être maintenue, ou rentrer, comme le veut M. Gunther, dans le *F. tabaccaria.* Les types, nous le répétons, nous étant inconnus, nous ne pouvons nous prononcer en faveur de l'une ou de l'autre opinion; malgré celle de M. Gunther, il nous semble prudent d'attendre de nouvelles recherches propres à résoudre le problème, et de considérer jusque-là le *F. ocellata* de Dumeril comme une variation du *tabaccaria.*

ACANTHOPTERYGII
PHARYNGOGNATHI Mull.

Fam. **POMACENTRIDÆ** Cuv.

Gen. **POMACENTRUS** Lacep.

191. POMACENTRUS HAMYI Rochbr.

Pl. III, fig. 2.

Pomacentrus Hamyi Rochbr. Bull. Soc. Phil. Paris, 22 mai 1880.

P. — Corpus ovoideum, subcompressum, fronte convexo; preoperculum minute denticulatum, fuscum, punctis cæruleis sparsum;
pinnis fuscis.

Long. 0,075.

$$D \frac{XIIII}{14}; \quad A \frac{2}{10}; \quad L. \; Lat. \; 26. \quad L. \; Trans. \; \frac{3}{10}.$$

Hauteur du corps comprise 2 1/6 dans la longueur totale; longueur de la tête, 4 fois dans la longueur totale; diamètre de
l'œil contenu 2 1/2 dans la longueur de la tête; museau 1/3 du
diamètre de l'œil, court, obtus; profil du front bombé; espace
interorbitaire égal au diamètre de l'œil; préopercule finement
denticulé; dorsale épineuse, moins élevée que la molle, à rayons
courts, relativement forts; fin de la dorsale allongée; la première
épine de l'anale très courte, en partie cachée, égale à 1/3 de la
longueur de la seconde; caudale échancrée; trois rangées
d'écailles sousorbitaires.

Brun clair, plus foncé à la partie supérieure; les écailles marquées d'un trait circulaire mince, noirâtre; opercule, préopercule et régions orbitaire et frontale, semés de petits points bleuâtres; nageoires brunes; une tache noirâtre à la base des pectorales; iris bleuâtre.

Rivière Casamence; — recueilli par M. Bouvier.

La présence du genre *Pomacentrus*, genre essentiellement Indien, n'avait pas encore été signalée, que nous sachions, sur la Côte occidentale d'Afrique.

En dédiant cette espèce à M. le Docteur Hamy, nous sommes heureux de rendre au savant Anthropologue, un témoignage de reconnaissance pour l'amitié et l'intérêt qu'il n'a cessé de nous prodiguer.

Gen. **GLYPHIDODON** Lacep.

192. **GLYPHIDODON LURIDUS** Brow.

Glyphisodon luridus C. V. Hist. nat. Poiss., t. V, p. 475, t. IX, p. 509.
—   Gunth. Cat. Fish. Brit. Mus., t. IV, p. 56 (Glyphisodon).

Oroumboye. — Pêché en novembre; — assez commun dans les brisants, à Guet N'Dar, Babagaye; — n'est pris que par hasard dans le fleuve; — Gorée, Joalles.

Corps brun verdâtre, ventre blanc azuré brillant; une tache d'un beau bleu à la base des pectorales; une autre tache de même couleur, large, à l'angle de l'opercule; toutes les nageoires, d'un brun rouge pâle; les pectorales jaunâtres. Les points bleus épars sur la base de la pectorale et sur le devant de la poitrine, indiqués par Valenciennes (*loc cit.*), n'existent pas sur nos échantillons; — long. 0,252.

193. **GLYPHIDODON HOEFLERI** Steind.

Glyphidodon Hoefleri Steind. Beitr. Kennt. Fish. Afrik., p. 27,
tab. V, fig. 2.

Gorée (*teste* Steindachner.)

Gen. **HELIASTES** Gunth.

194. **HELIASTES BICOLOR** Rochbr.

Pl. III, fig. 3.

Heliastes bicolor Rochr. Bull. Soc. Phil. Paris, 22 mai 1880.

H. — CORPUS ELONGATO OVATUM, SUBCOMPRESSUM, FRONTE OBLIQUO ; PREOPERCULUM INDENTATUM, ÆNEO FUSCUM ; SQUAMIS AUREO MA- CULATIS ; PINNIS FUSCIS ; PINNA CAUDALIS INTENSE AURANTIACA.

LONG. 0,190.

D $\frac{XII}{13}$; A $\frac{2}{12}$; L. LAT. 30 ; L. TRANS. $\frac{3}{11}$

Corps comprimé ; profil du front oblique, se relevant au niveau du pied de la première dorsale ; hauteur comprise 2 1/3 dans la longueur ; longueur de la tête contenue 4 1/2 dans la longueur du corps ; diamètre de l'œil 3 fois dans la longueur de la tête ; espace interoculaire égal 1 1/6 du diamètre de l'œil ; museau égal au diamètre de l'œil, protactile ; 4 rangées d'écailles sous-orbi- taires ; préopercule droit, non dentelé ; épines de la dorsale, for- tes, presque égales ; la portion molle, plus haute ; les rayons médians, les plus longs ; caudale échancrée, à lobes arrondis ; premier rayon de l'anale très court, contenu 4 fois dans la lon- gueur du second, ce dernier fort et robuste ; premier rayon mou des ventrales allongé en filament ; pectorales courtes, tronquées.

Couleur générale brune ; une tache dorée à la partie libre de toutes les écailles ; nageoires brunes, à rayons jaunâtres ; caudale jaune orangé ; iris de même couleur.

Casamence ; — recueilli par M. Bouvier et communiqué par lui.

L'*Heliastes Chromis* L., de Madère et de la Méditerranée, est celui dont notre espèce se rapproche le plus ; elle s'en distingue surtout par son mode de coloration ; la forme des épines dorsales et anales et la disposition des nageoires. Aucun type du genre *Heliastes* n'avait encore été signalé sur les côtes de la Séné- gambie.

Fam. **LABRIDÆ** Cuv.

Gen. **LABRUS** Arted.

195. LABRUS MIXTUS Fries.

Labrus mixtus Fries Ekstr. Skand. Fish., p. 100, pl. 37-38.
— Gunth. Cat. Fish. Brit. Mus., t. IV, p. 74.
Labrus Jagonensis Bowd. Excurs. Mad. et Porto Santo, p. 234 fig. 7.
— Dum. Poiss. Afr. occ., p. 263, n° 116.

Cap Vert, embouchure de la Gambie.

Ne connaissant pas l'espèce de Valenciennes, nous pensons,
avec M. Gunther *(loc. cit.,* p. 69), que le *L. Jagonensis,* cité par
Duméril, doit être réuni au *L. mixtus,* vu la grande variabilité
de ce dernier.

Gen. **CENTROLABRUS** Lowe.

196. CENTROLABRUS TRUTTA Lowe.

Centrolabrus trutta Lowe *in* Gunth. Cat. Fish. Brit. Mus., t. IV,
p. 93.
Acantholabrus viridis C. V. Hist. nat. Poiss., t. XIII, p. 252.
— Valenc. Ichth. Canar., p. 64, pl. 17.

Rapporté du cap Vert par M. Bouvier.

Gen. **COSSYPHUS** C. V.

197. COSSYPHUS SCROFA C. V.

Cossyphus scrofa C. V. *in* Gunth. Cat. Fish. Brit. Mus., t. IV, p. 111.
Labrus scrofa C. V. Hist. nat. Poiss., t. VIII, p. 93.
— Dum. Poiss. Afr. occ., p. 93.

Cap Vert.

198. COSSYPHUS TREDECIMSPINOSUS Gunth.

Cossyphus tredecimspinosus Gunth. (*sec.* Trosch.) *in* Steind. Beitr.
Kennt. Fish. Afrik., p. 28.
Cossyphus Jagonensis Trosch. Arch. nat., p. 229.

Gorée, où l'espèce serait rare (*teste* Steindachner).

Gen. JULIS C. V.

199. JULIS PAVO Hasselg.

Julis pavo Hasselq. *in* Gunth. Cat. Fish. Brit. Mus., t. IV, p. 179.
— Bleck. Poiss. Guin., p. 32.

Omaejk. — Assez fréquent : — apparaît par troupes. en juin; — Gorée,
Dakar, cap Vert, cap Sainte-Marie, embouchure de la Gambie.

Nous ne voyons aucune différence entre nos échantillons Sénégambiens et ceux de la Méditerranée; les faibles variations indiquées sur les types de Guinée, par Blecker, manquent complè-
tement aux nôtres.

Gen. CORIS Gunth.

200. CORIS ATLANTICA Gunth.

Coris Atlantica Gunth. Cat. Fish. Brit. Mus., t. IV, p. 197.

Ngogo. — Cap Sainte-Marie, cap Roxo, Bathurst; — assez fréquent;
— indiqué à Sierra Leone par M. Gunther.

Gen. SCARUS Forsk.

201. SCARUS CRETENSIS Aldr.

Scarus Cretensis Aldr., p. 8.
— Gunth. Cat. Fish. Brit. Mus., t. IV, p. 209.
Scarus rubiginosus C. V. Hist. nat. Poiss., t. XIV, p. 171.
— Valenc. Ichth. Canar., p. 68.
Scarus Canariensis Valenc. Ichth. Canar., p. 17, fig. 2.

Kandor. — Commun sur les côtes rocheuses : — cap Vert, cap Blanc, rochers de la rade de Guet N'Dar — très estimé des nègres ; — longueur moyenne : 0,750 à 0,915.

Gen. **PSEUDOSCARUS** Bleck.

202. PSEUDOSCARUS HOEFLERI Steind.

Pseudoscarus Hoefleri Steind. Beit. Kennt. Fish. Afrik., p. 30, tab. VI, fig. 2.

Gorée (*teste* Steindachner).

Fam. **GERRIDÆ** Gunth.

Gen. **GERRES** Gunth.

203. GERRES BILOBUS C. V.

Gerres bilobus C. V. Hist. nat. Poiss., t. VI, p. 466.

Dobe. — Commun à Gorée, Dakar, cap Vert et toutes les parties rocheuses de la côte ; — en août et septembre ; — dépasse 0,210.

204. GERRES NIGRI Gunth

Gerres nigri Gunth. Fish. 1, p. 347, et Cat. Fish. Brit. Mus., t. IV, p. 254.

Dobe. — Mêmes localités que le *bilobus :* Casamence, Gambie ; — mais moins fréquemment observé.

205. GERRES MELANOPTERUS Bleck.

Gerres melanopterus Bleck. Poiss. Guin., p. 44, tab. VIII, fig.

Dobe. — Assez commun dans le Sénégal et les marigots ; — pêché en octobre ; — rivière Casamence, Gambie.

La description donnée par Blecker est parfaitement exacte, et reproduit fidèlement les couleurs de nos échantillons ; quant à la figure qui l'accompagne, comme toujours, elle est purement fantaisiste.

Fam. **CHROMIDÆ** Mull.

Gen. **CHROMIS** Cuv.

206. CHROMIS NILOTICUS Cuv.

Chromis Niloticus Cuv. Règ. An.
—   Gunth. Cat. Fish Brit. Mus., t. IV, p. 267.
—   Steind. Ichth. Mitth. (VII.) Wien. 1864. p. 4.

Ouasshass. — De même que tous les *Chromides* dont nous allons nous occuper, le *Niloticus* abonde dans les eaux du Sénégal et dans tous les marigots du fleuve.

La quantité des individus appartenant aux diverses espèces de *Chromis* est innombrable; nous pourrions répétér ce que nous disions précédemment à l'article du *Psettus Sebæ*: « les poissons roulent les uns sur les autres. » Ils remontent le fleuve au moment de l'hivernage; c'est un indice de la saison des pluies, d'après les Ouoloffs, assortion dont nous avons vérifié l'exactitude. La coloration des espèces est tellement tranchée que les nègres savent les distinguer et leur appliquent à chacune un nom particulier.

Certaines espèces parviennent à une taille assez grande; alors on les recherche pour la bonté de leur chair, et elles sont désignées par les Européens sous la dénomination de *Carpe*. Ce sont les mêmes dont parle Adanson (*loc. cit.*, p. 125): « Dans le ma-
» rigot de Sorres, dit-il, un poisson très commun, appelé *carpet*,
» espèce de *vieille* semblable à la carpe, mais plus courte, saute
» dans les pirogues. » Il arrive en effet qu'en parcourant en pirogue les divers marigots des environs de Saint-Louis, le soir principalement, le sillage de l'embarcation, en déplaçant les bancs épais des *Chromis*, précipite leur marche et que; pressés, il sautent par dessus bord; c'est du reste la seule façon dont les Ouoloffs pêchent ces espèces, et toujours la pêche est fructueuse.

207. CHROMIS DUMERILII Steind.

Chromis Dumerilii Steind. Ichth. Mitth., p. 3, pl. VII, fig. 1.

Sénégal.

208. CHROMIS POLYCENTRA Dum.

Chromis polycentra Dum. *in* Gunth. Cat. Fish. Brit. Mus., t. IV, p. 270.
Tilapia polycentra Dum. Poiss. Afr. occ., p. 254, 263, n° 122.

Ouasssaun. — Cette espèce est indiquée par Duméril comme provenant de Gorée ; — très commune dans le Sénégal ; — nous ne la connaissons pas des parages de l'Ile.

209. CHROMIS NIGRIPINNIS Guich.

Chromis nigripinnis Guich. *in* Gunth. Cat. Fish. Brit. Mus., t. IV, p. 270.
Tilapia nigripinnis Guich. *in* Ann. Mus., t. X, p. 254, pl. 22, fig. 4.
    —   Dum. Poiss. Afr. occ., p. 254-263, pl. XXII, fig. 2ª, n° 121.

Ouasspoul. — Est indiqué par Duméril comme provenant du Gabon ; — très commun dans le Sénégal.

Les descriptions de Duméril ont été faites sur des exemplaires conservés dans l'alcool, et dont les couleurs étaient en partie disparues, ou tout au moins modifiées par le séjour dans la liqueur; nous les désignerons d'après le vivant chaque fois que les modifications devront être notées; mais, en thèse générale, à « *teinte générale brune* », il faut substituer: « *vert doré plus ou moins intense.* »

210. CHROMIS HEUDELOTII Dum.

Chromis Heudelotii Dum. *in* Gunth. Cat. Fish. Brit. Mus., t. IV, p. 27.
Tilapia Heudelotii Dum. Poiss. Afr. occ., p. 254-263, n° 120.

Ouasban. — Sénégal ; — atteint 0,254.

211. CHROMIS LATUS Gunth.

Chromis latus Gunth. Cat. Fish. Brit. Mus., t. IV, p. 271.

Ouassban. — Sénégal ; — la portion supérieure de l'opercule n'est pas noire, comme le dit M. Gunther, mais bleue ; il en est de même de la tache située à la base de la dernière épine de la dorsale.

212. CHROMIS GUNTHERI Steind.

Chromis Guntheri Steind. Ichth. Mitth., p. 6, tab. VIII, fig. 3-4.

Sénégal.

213. CHROMIS AUREUS Steind.

Chromis aureus Steind. Ichth. Mitth., p. 7, tab. VIII, fig. 5.

Ouassourjh. — Sénégal ; — très commun ; — atteint 0,346.

La tache ronde, gris noirâtre, sur l'extrémité supérieure de l'opercule, dont parle M. Steindachner, est d'un beau bleu, comme chez tous les *Chromis* Africains.

214. CHROMIS PLEUROMELAS Dum.

Chromis pleuromelas Dum. *in* Gunth. Cat. Fish. Brit. Mus., t. IV, p. 271.
Tilapia pleuromelas Dum. Poiss. Afr. occ., p. 253-263, n° 118.

Ouassomajh. — Commun, avec les précédents ; — atteint jusqu'à 0,315.

La tache noire sur chaque flanc (Duméril), consiste en une teinte nuageuse, plus foncée que le reste du corps, qui est vert bleuâtre métallique.

215. CHROMIS LATERALIS Dum.

Chromis melanopleura Dum. *in* Gunth. Cat. Fish. Brit. Mus., t. IV, p. 272.
Tilapia lateralis Dum. Poiss. Afr. occ., p. 253-263, n° 119.

Ouassjhet. — Sénégal ; — dépasse 0,237.

216. CHROMIS MELANOPLEURA Dum.

Chromis lateralis Dum. *in* Gunth. Cat. Fish. Brit. Mus., t. IV, p. 272.
Tilapia melanopleura Dum. Poiss. Afr. occ., p. 253-263, pl. XXII,
fig. 1 1ª n° 117.

Ouassbech. — Excessivement commun ; — de 0,125 ; — est estimé et
mangé comme les petits poissons de nos rivières de France.

Dos vert doré pâle ; ventre blanc argent ; une ligne d'un bel
éclat métallique sur chaque écaille ; ligne flexueuse violacée le
long des flancs ; dorsales violâtres, à rayons verts ; anales et pectorales violacées ; caudale de même couleur, à bordure rouge ;
iris d'un jaune pâle.

217. CHROMIS CÆRULEO MACULATUS Rochbr. (1)

(Pl. IV, fig. 3)

Chromis cæruleo maculatus Rochbr. Bull. Soc. Phil. Paris, 22 mai 1880.

C. — CORPUS ELLIPTICUM, SUBCOMPRESSUM, FRONTE CONCAVO, SUPERNE
ÆNEO VIRIDESCENTE, INFERNE ROSEO, 5 MACULIS CÆRULEIS, ROTUNDATIS,
MEDIANITER DISPOSITIS, ORNATO ; PINNÆ, VIRIDESCENTES ; PECTORALES
ET VENTRALES, LUTEIS.

LONG. 0,137.

$$\text{D } \frac{XIV}{II} \text{ A } \frac{3}{01} ; \text{ L. LAT. 29 ; L. TRANS. 4-13.}$$

Hauteur du corps contenue 3 fois dans sa longueur, la caudale
comprise ; longueur de la tête 4 fois dans la longueur du corps ;
diamètre de l'œil 3 1/4 fois dans la longueur de la tête ; museau
proéminent, égalant 1 3/4 le diamètre de l'œil ; profil rostrofrontal convexe ; cinq rangées d'écailles à la région sous-orbitaire ;
bord du préopercule oblique, arrondi ; dorsales de même hauteur ; deuxième dorsale à base allongée, dépassant la première
moitié de la caudale.

Partie supérieure vert foncé brillant, ainsi que la dorsale,
l'anale et la caudale ; ventre et région faciale roses ; une tache

---

(1) A la légende de la pl. V, lire *cæruleo* au lieu de *cœruleo*.

d'un beau bleu foncé à l'angle de l'opercule ; quatre taches rondes, de même couleur et de dimensions décroissantes de la pectorale à l'anale, espacées et disposées horizontalement sur les flancs ; pectorales et ventrales jaunâtres ; iris rouge.

Ouass Thiar. — Commun dans toute la partie haute du fleuve ; marigots de Thionk, lac de Pagnefoul.

218 CHROMIS MACROCENTRA Dum.

Talapia macrocentra Dum. Poiss. Afr. occ., p. 256-263, n° 125.

Ouass hosse. — L'une des espèces les plus communes, et parvenant à la plus grande taille : 0,332.

Vert pâle, à nombreuses marbrures vert métallique foncé ; ventre rosé ; dorsale, anale et caudale, brun pâle, à lignes de points bleus, à centre blanc ; une tache bleue à l'opercule ; pectorales et ventrales rosées ; iris jaunâtre pâle.

219. CHROMIS RANGII Dum.

Tilapia Rangii Dum. Poiss. Afr. occ., p. 255-263, n° 123.

Ouass houn. — Long. 0,243.

Vert foncé à la partie supérieure, un point blanc au centre de chaque écaille ; ventre blanc verdâtre, à écailles bordées d'une ligne également verdâtre ; une tache bleue à l'angle de l'opercule ; dorsales et anales vertes ; caudale verdâtre, à rayons bruns ; ventrales et pectorales jaunâtres, à rayons verts ; iris blanc.

220. CHROMIS AFFINIS Dum.

Tilapia affinis Dum. Poiss. Afr. occ., p. 255-263, n° 125.

Ouass dan. — Espèce de petite taille : 0,112.

Sur un fond jaunâtre, un picté brun ; région frontale vert doré ; cinq bandes de même couleur, perpendiculaires, ne dépassant pas les flancs ; dorsales, bleu pâle, à points bleu foncé, une large tache bleue et deux lignes de même couleur à l'extrémité postérieure ; anale également bleu clair, à points plus foncés ; une tache semblable à l'opercule ; caudale, pectorale et ventrale rosées ; iris jaune.

221. CHROMIS FAIDHERBI Rochbr.

(Pl. V, fig. 5).

Chromis Faidherbi Rochbr. Bull. Soc. Phil. Paris, 22 mai 1880.

C. — CORPUS OVATO ELONGATUM, SUBCOMPRESSUM, FRONTE SUBCONVEXO, INTENSE ÆNEO VIRESCENTE, INFERNE ARGENTEO ROSEUM ; 3 FASCIIS FUSCIS CINCTUM ; PINNÆ ROSEIS ; PINNA CAUDALIS CÆRULESCENS.

LONG. 0,120 . — D $\frac{XIV}{11}$; A $\frac{3}{7}$; L. Lat. 27 ; L. TRANS. 3-9.

Hauteur comprise 2 1/2 fois dans la longueur totale ; longueur de la tête 4 1/5 dans la longueur totale ; diamètre de l'œil 4 fois dans la longueur de la tête : museau conique, égalant 2 1/6 fois le diamètre de l'œil ; profil rostrofrontal droit, convexe ; trois rangées d'écailles à la région sousorbitaire ; bord du préopercule vertical, arrondi ; dorsales de même hauteur ; caudale tronquée.

Ouass jhon. — Espèce commune, pêchée dans le bras droit du Sénégal, dans les parages du pont Faidherbe.

En donnant à cette espèce le nom du regretté Gouverneur du Sénégal, nous sommes l'interprète de la reconnaissance que lui a vouée la Colonie tout entière ; son souvenir devenu légendaire chez les Ouoloffs, démontre que les grands cœurs sont appréciés, même par des nègres, bien au-dessus de la force et de l'autocratie.

222. CHROMIS MICROCEPHALUS Bleek.

Chromis microcephalus Bleek. *in* Gunth. Cat. Fish. Brit. Mus., t. IV, p. 272.

Melanogenes microcephalus Bleek. Poiss. Guin. p. 37., tab. VI, fig. 1.

Ouassandojh. — Assez commun. — Long. 0,247.

La teinte noire des préopercules, opercules, etc., indiquée par Blecker, est bleue; les taches de la dorsale sont de la même couleur.

223. CHROMIS MACROCEPHALUS Bleck.

Chromis macrocephalus Bleck. *in* litt. *sec.* Gunth. Cat. Fish, Brit. Mus., t. IV, p. 273.
Melanogenes macrocephalus Bleck. Poiss. Guin., p. 36, t. VI, fig. 2.

Ouassgotjhe. — Long. 0,319.

Les remarques précédentes sur la coloration s'appliquent également à cette espèce.

Gen. **HEMICHROMIS** Peters.

224. HEMICROMIS FASCIATUS Peters.

Hemichromis fasciatus Peters. Monast. Berl. Acad., 1857, p. 403.
Bleck. Poiss. Guin. p. 38, pl. V, fig. 1.
Chronicthys elongatus Dum. Poiss. Afr. occ., p. 257-263, pl. XXII, fig. 3, n° 126.

Hosse. — Commun dans le Sénégal et tous les marigots, mêlé à la foule compacte des *Chromis;* — long. 0,087.

Ni Duméril, ni Blecker, ne donnent exactement les couleurs de cette espèce.

Jaune verdâtre très pâle; chaque écaille, jusqu'au niveau du ventre, avec une macule rouge; ventre blanc bleuâtre; six bandes verdâtres s'élargissant au niveau de la ligne latérale, et bleues à cette place, perpendiculaires, ne dépassent pas les flancs; nageoires blanc verdâtre, à rayons violacés; une bande étroite bleue bordant chacune de ces nageoires; tache bleue à l'opercule, front et régions orbitaires verdâtres; iris jaune.

225. HEMICHROMIS AURITUS Gill.

Hemichromis auritus Gill. Proc. Acad. nat. Sc. Philad., 1862, p. 135.
Gunth. Cat. Fish. Brit. Mus., t. IV, p. 275.

Teojh. — Commun, avec le *fasciatus.* — Long. 8,079.

Vert clair bronzé; ventre blanc verdâtre; trois bandes plus foncées, ne dépassant pas la ligne ventrale; nombreuses maculatures vertès en lignes horizontales, sur la partte supérieure; tache bleue à l'opercule; nageoifes jaunâtres, à rayons rouges; ligne rouge bordant la dorsale, l'anale et la caudale; iris rouge.

226. **HEMICHROMIS DESGUEZI** Rochbr.

(Pl. V, fig. 6.)

Hemichromis Desguezi Rochbr. Bull. Soc. Phil. Paris, 22 mai 1880.

H. — Corpus ovoideum, subcompressum, aurato fuscum; fasciis 5, obliquis olivaceis cinctum; preoperculum et pinnæ dorsales puncticulis cæruleis, arenatis.

$$D \frac{XIII}{12} \ A \ \frac{3}{10} ; \ L. \ Lat. \ 28 ; \ L. \ Trans. \ 3\text{-}9.$$

Long. 0,095.

Hauteur comprise 3 fois dans la longueur du corps, la caudale non comptée; longueur de la tête 4 1/7 dans la longueur totale; diamètre de l'œil contenu 3 fois dans la longueur de la tête; museau court protactil, égal à 1 1/2 du diamètre de l'œil; espace interorbitaire égal au diamètre de l'œil; quatre rangées d'écailles sousorbitaires; dorsale haute, à rayons robustes; les troisième, quatrième, cinquième et sixième, les plus hauts; dorsale molle à pointe prolongée, dépassant le milieu de la caudale; premier rayon de l'anale très court, en partie caché; le deuxième égalant la moitié du troisième; pectorales à second rayon prolongé en filament flexible chez les individus mâles; caudale tronquée.

Teinte brun doré métallique; cinq macules brunes, disposées le long de la base de la dorsale; cinq bandes obliques d'avant en arrière, correspondant aux macules, d'un brun verdâtre, plus pâle sur le ventre; une bande de points bleuâtres au pédicule de la caudale; la dorsale, ainsi que toute la région préoperculaire et operculaire, sablées de points bleus; iris blanc.

Ntijnn, — Assez commun : — Casamence, Gambie.

8

ANACANTHINI Mull.

Fam. GADIDÆ Owen.

Gen. MORA Risso.

227. MORA MEDITERRANEA Riss.

Mora Mediterranea Riss. Eur. merid., t. III, p. 224.
— Gunth. Cat. Fish. Brit. Mus., t. IV, p. 341.
Asellus Canariensis Valenc. Ichth. Canar., p. 76, pl. 14, fig. 3.

Ompojh. — Cap Blanc, Portendik, Guet N'Dar, parages d'Argain ; — pêché de mars en juillet; — très estimé des nègres; — long. 0,860 à 1,275.

Valenciennes (*loc. cit.*) l'indique comme se trouvant en bandes nombreuses sur les côtes d'Afrique.

Gen. PHYCIS Cuv.

228. PHYCIS MEDITERRANEUS Delar.

Phycis Mediterraneus Delar. Ann. Mus., t. XIII, p. 332.
— Gunth. Cat. Fish. Brit. Mus , t IV, p. 354.
Phycis limbatus Valenc. Ichth. Canar., p. 78, pl. XIV, fig. 2.

N'bonoh. — Habite les mêmes parages que l'espèce précédente, et atteint la même taille.

Le *P. Mediterraneus* est également indiqué par Valenciennes comme vivant en troupes serrées sur les côtes Africaines.

Fam. OPHIDIIDÆ Mull.

Gen. OPHIDIUM Cuv.

229. OPHIDIUM BARBATUM Lin.

Ophidium barbatum Lin. Syst. Nat., 1, p. 431.
— Gunth. Cat. Fish. Brit. Mus., IV, p. 377.
— Steind. Beitr. Kennt. Fish. Afrik., p. 31.

Rufisque (*teste* Steindachner).

Gen. **AMMODYTES** Arted.

230. AMMODYTES SICULUS Swains.

Ammodytes Siculus Swains. Zool. ill. scr. 1. pl. 63, fig. 1.
— Steind. Beitr. Kennt. Fish. Afrik., p. 31.

Rufisque (*teste* Steindachner).

Fam. **PLEURONECTIDÆ** Flem.

Gen. **PSETTODES** Benn.

231. PSETTODES ERUMEI Bl.

Psettodes Erumei Bl. *in* Gunth. Cat. Fish. Brit. Mus., t. IV, p. 402.
Hippoglossus Erumei Cuv. Reg. an.
— Dum. Poiss. Afr. occ., p. 264, n° 171.

Boung. — Assez fréquemment pêché à peu de distance de la plage : Guet N'Dar, pointe de Barbarie, rade de Dakar, Gorée.

Brun, marbré de teintes plus foncées à la partie supérieure ; partie inférieure d'un blanc rosé ; nageoires rougeâtres, à rayons bruns ; pectorale jaunâtre ; iris jaune.

Gen. **RHOMBUS** Klein.

232. RHOMBUS SENEGALENSIS Kaup.

Rhombus Senegalensis Kaup. *in* Wiegm. Arch., 1855.
— Dum., Poiss. Afr. Occ., p. 264, n° 172.

Sénégal.

Gen. **SOLEA** Cuv.

233. SOLEA SENEGALENSIS Kaup.

Solea Senegalensis Kaup. *in* Wiegm. Arch., 1855.
— Gunth. Cat. Fish. Brit. Mus., t. VI, p. 464.
— Dum., Poiss. Afr. occ., p. 264, n° 173.

Dcrer. — Assez commun sur les plages sableuses : — Dakar, Gorée, baie d'Argain, rade de Guet N'Dar ; — estimé comme aliment.

Gen. **CYNOGLOSSUS** H. B.

234. CYNOGLOSSUS SENEGALENSIS Kaup.

Cynoglossus Senegalensis Kaup. *in* Gunth. Cat. Fish. Brit. Mus., t. IV. p. 502.

Arelia Senegalensis Kaup. *in* Wiegm. Arch., 1858.
— Dum., Poiss. Afr. occ., p. 264. n° 175.

Plar. — Très commun, principalement en octobre : — Gorée, Dakar, Guet N'Dar, pointe de Barbarie.

PHYSOSTOMI Mull.

Fam. SILURIDÆ Cuv.

Gen. **CLARIAS** Gronow.

235. CLARIAS SENEGALENSIS C. V.

Clarias Senegalensis C. V. Hist. nat. Poiss. t. XV, p. 383.
— Svg. Faun. ichth, Ogooé, *in* Nouv. Arch. Mus., t. III, 1880.
— Dum. Poiss. Afr. occ., p. 263, n° 139.

Yesse. — Assez commun : — Sénégal et marigots ; — pendant toute l'année ; — très estimé des nègres et des Européens.

Les individus décrits dans l'ouvrage de Cuvier, ne mesuraient que 0,216 ; leur coloration avait été détruite par leur séjour dans l'alcool ; les individus vivants, de 0,750 à 0,780, nous ont présenté les teintes suivantes :
Partie supérieure brunâtre à marbrures très nombreuses, jaunes, rouges et bleues, se fondant les unes avec les autres ; ventre blanc brillant ; tête brune marbrée de bleu foncé ; opercule et préopercule blancs, maculés de bleu ; barbillons, bleu noirâtre ;

dorsale, anale et caudale, vert olive sale à marbrures plus foncées; une ligne rougeâtre borde la caudale; pectorales grisâtres,
à rayons et marbrures bleues; ventrales grisâtres.

236. CLARIAS ANGUILLARIS Lin.

Clarias anguillaris L. *in* Gunth. Cat. Fish. Brit. Mus., t. V. p. 14.
   — Svg. Faune. ichth. Ogooe, *loc. cit.*
Clarias Hasselquistii C. V. Hist. nat. Poiss., t. XV, p. 362.

Sess. — Habite avec l'espèce précédente dans les mêmes localités; —
s'en distingue surtout par sa coloration.

237. CLARIAS XENODON Gunth.

Clarias xenodon Gunth. Cat. Fish. Brit. Mus., t. V, p. 16.
   — Svg. Faune ichth. Ogooe, *loc. cit.*

Sénégal.

238. CLARIAS MACROMYSTAX Gunth.

Clarias macromystax Gunth. Cat. Fish. Brit. Mus., t. V, p. 17.
   — Svg. Faune. ichth. Ogooe, *loc. cit.*

Bokack. — Commun, à Saint-Louis, lac Paguefoul, île à Morfile,
Gambie, Casamence.

239. CLARIAS LÆVICEPS Gill.

Clarias læviceps Gill. Proc. Acad. Nat. Sc. Phil., 1862 p. 139.
   — Gunth. Cat. Fish. Brit. Mus., t. V, p. 13, note infràpag.

Akoujh. — Assez communément pêché avec les autres *Clarias*.

Tous ces Siluroïdes homaloptères parviennent à une taille
relativement forte et dépassent souvent celle de 0,780, assignée au
C. Senegalensis; ils se plaisent, comme du reste tous les autres
Silures dont nous allons nous occuper, dans les lieux où abon-
dent les substances animales en décomposition, et les détritus
de toute sorte jetés au fleuve ou dans les marigots voisins des
villages nègres.

Gen. **HETEROBRANCHUS** Geoff.

(Pl. VI, fig. 1).

240. HETEROBRANCHUS SENEGALENSIS. c. v.

Heterobranchus Senegalensis C. V. Hist. nat. Poiss. t. XV, p. 397.
—   Dum. Poiss. Afr. occ., p. 263, n° 140.
—   *longifilis* C. V. Hist. nat. Poiss., t. XV, p. 394, pl. 447.
—   *isopterus* Bleck., Poiss. Guin., p. 108, tab. 11-22, f. 1-1.
—   *macronema* Bleck. Poiss. Guin., p. 109. tab. 21, f. 1-2.

Blick. — Très commun : — Sénégal et tous les marigots ; — pendant toute l'année; — abonde principalement dans le fleuve aux abords de l'abattoir de Saint-Louis ; — depuis 0,180 de long. jusqu'à 1,230 et plus.

D. 39; A. 50; P. 1-10.

Corps allongé, antérieurement cylindrique, comprimé en arrière; abdomen proéminant; tête large, fortement aplatie, à bords déprimés, convexes, sa longueur comprise 4 1/5 dans la longueur totale du corps, sa largeur égale à 1 1/8 de sa longueur, prise jusqu'au bord libre de l'opercule; crête interpariétale triangulaire, équilatérale, à sommet arrondi, à bords concaves; casque fortement granuleux, à granulations larges, tuberculiformes, ne s'irradiant pas du centre à la circonférence, mais éparses sans ordre sur toute la surface; scutelles du casque polygonales, plus ou moins irrégulières, séparées par des espaces nus, sans granulations; œil petit, à diamètre compris 7 fois dans la longueur de la tête; narines postérieures oblongues, à ouverture valvulée; les antérieures situées sur le bord du museau, tubuleuses, à tubulures courtes; barbillons nasaux dépassant un peu le bord de l'opercule, les supramaxillaires, plus longs que l'extrémité des ventrales; les inframaxillaires dépassant l'extrémité des pectorales; mâchoires égales; bouche large, sa largeur comprise trois fois environ dans la longueur de la tête; lèvres charnues, très faiblement protactiles; dents petites, villiformes, nombreuses, pointues, à pointe inclinée en dedans; les intermaxillaires disposées sur deux bandes oblongues, elliptiques, presque contiguës, plus longues que larges; les vomériennes sur une plaque subsemilunaire indivise; les inframaxillaires, sur deux bandes courbes elliptiques, plus longues que larges, un peu espacées au centre, à bords externes arrondis; ligne latérale formée de tubes contigus; dorsale commençant à une faible distance de la pointe de la crête interpariétale, sub-contiguë à l'adipeuse, cette dernière plus basse en avant qu'en arrière, à partie postérieure arrondie, non contiguë à la caudale, sa hauteur contenue 3 1/2 fois dans sa longueur; anale commençant au niveau de la base de la dorsale, séparée de la caudale; caudale elliptique arrondie; épine des pectorales robuste, presque lisse, sans denticulation à son bord libre.

Portion supérieure du corps, jusqu'au niveau de la ligne latérale, brun violet à marbrures plus foncées; ventre blanc rosé; ces deux teintes séparées sans transition par la ligne latérale, à tubulures rouges; casque brun violet, à maculature bleuâtre; toutes les nageoires rose sale, à rayons plus foncés; adipeuse bleu foncé à la base, blanchissant au sommet; barbillons brun violet; iris rose.

Longueur de l'échantillon, 1,230.

Lorsque l'on compare avec les *Heterobranches* Africains, l'*H. Senegalensis*, dont on ne connaissait jusqu'ici que la tête osseuse, décrite dans l'Histoire naturelle des Poissons, les caractères spécifiques invoqués par les auteurs, sont si peu tranchés, qu'ils ne peuvent suffire à distinguer les espèces.

Blecker lui-même, en publiant ses *Heterobranchus isopterus* et *macronema,* les considère comme espèces douteuses, et fait observer que, pour établir une diagnose certaine, il est indispensable de connaître des individus d'âges différents.

Les nombreux spécimens de l'*H. Senegalensis,* si souvent pris par nous dans les eaux du Sénégal, viennent pleinement confirmer cette opinion.

En effet, si l'on peut estimer approximativement l'âge des sujets par leur taille plus ou moins forte, on reconnaît parmi eux des différences notables. La crête interpariétale est aiguë ou obtuse; les granulations du casque sont faibles ou tuberculeuses; les barbillons, variables en longueur, se raccourcissent avec l'âge; l'épine pectorale est forte ou relativement faible, lisse ou denticulée; l'adipeuse tantôt haute, tantôt peu développée; les dents faibles, à peine visibles ou résistantes et fortes: souvent la dorsale se montre avec un ou deux rayons en plus; souvent aussi trois ou quatre disparaissent à l'anale ; la coloration enfin varie sensiblement, les teintes sombres étant ordinairement particulières aux exemplaires de petite taille.

Ces faits viennent répondre au désiratum de Blecker, et permettent de rapporter à de jeunes *H. Senegalensis* l'*H. Guineensis* décrit par cet Ichthyologiste ; ses descriptions, vérifiées sur des types de taille à peu près égale aux siens, ne nous ont laissé aucun doute.

C'est également à un jeune *H. Senegalensis*, qu'il faut rattacher l'*H. longifilis* C. V. (*loc. cit.*, t. XV, p. 934.)

Valenciennes, en décrivant les caractères propres à distinguer l'*H. Senegalensis* d'avec cette espèce, signale : « La proéminence » interpariétale plus obtuse, plus large à la base ; les échancrures » de la nuque plus profondes, parce que les sustemporaux sont » plus reculés ; la scissure entre les frontaux plus large, plus » courte, plus triangulaire ; les os du crâne plus fortement gra- » nuleux ; les dents en soie plus longues. »

Il faut observer que l'exemplaire d'*H. longifilis*, auquel Valenciennes compare le *Senegalensis*, mesure 0,540, et que la tête de ce dernier, la seule partie de l'animal qu'il connût, a 0,361 de long, ce qui dénote un individu d'environ 1,520. Des modifications devaient naturellement se rencontrer entre deux types de taille aussi dissemblable ; d'autant plus que le crâne, étudié par Valenciennes (crâne aujourd'hui déposé dans les Galeries d'anatomie comparée du Muséum), présente avec notre exemplaire, dont la tête mesure 0,290 (dimension bien supérieure à celle du *longifilis*), des variations identiques ; de telle sorte que si l'on voulait caractériser les deux crânes, il suffirait de reproduire la diagnose de Valenciennes.

Cet exemple suffirait seul à prouver l'influence exercée par l'âge sur les caractères spécifiques des espèces du genre *Heterobranchus*. Cependant, dans ce genre difficile en raison même de cette variabilité, les recherches d'anatomie comparée nous semblent être appelées à fournir des caractères tranchés.

La distinction souvent basée sur l'habitat des espèces, ne saurait être ici invoquée, lorsque l'on sait que les Heterobranches du Sénégal se rencontrent également dans le Nil, le Niger, la Gambie, etc.

Gen. **SCHILBE** Bleck.

241. SCHILBE DISPILA Gunth.

Schilbe dispila Gunth. Cat. Fish. Brit. Mus., t. V, p. 51.
   —   Svg. Faune. ichth. Ogooe, *loc. cit.*

Goniar. — Assez fréquent : — Falèmé, lac de Guerr ; — se rencontre quelquefois dans les marigots de Sorres, Leybar ; — plus commun dans la Gambie et la Casamence ; — atteint 0,315.

242. SCHILBE SENEGALENSIS C. V.

Schilbe Senegalensis Valenc. *in* Gunth. Cat. Fish. Brit. Mus., t. III, p. 51.
   —   Svg. Faune ichth. Ogooe, *loc. cit.*
Schilbe Senegallus C. V. Hist. nat. Poiss., t. XIV, p. 378.
   —   Dum., Poiss. Afr. occ., p. 263, n° 128.

Sénégal.

Gen. **EUTROPIUS** Mull.

243. EUTROPIUS NILOTICUS Rupp.

Eutropius Niloticus Rupp. *in* Gunth. Cat. Fish. Brit. Mus., t. V, p. 52.
   —   Svg. Faune ichth. Ogooe, *loc. cit.*
Bagrus schilbeides C. V. Hist. nat. Poiss., t. XIV, p. 389.
Eutropius Adansonii C. V. *in* Gunth. Cat. Fish. Brit. Mus., t. V, p. 54.
   —   Svg. Faune ichth. Ogooe, *loc. cit.*
Bagrus Adansonii C. V. Hist. nat. Poiss., t. XIV, p. 391, pl. 414.
   —   Dum., Poiss. Afr. occ., p. 273, n° 129.

N'Kjhell, — Commun : — tout le Sénégal et les marigots qui en dépendent ; — très estimé comme aliment ; — 0,350 de longueur.

Les individus décrits par Valenciennes (*loc. cit.*), longs de 0,216 à 0,290, paraissent argentés sur le dos, avec les nageoires plus ou moins grises ou fauves.

Sur le vivant, ce poisson a le dos vert métallique foncé, avec une teinte jaunâtre doré sur les flancs; le ventre blanc argent; dorsale et adipeuse, brunes; caudale et pectorale, rouge laque; anale grisâtre, avec une bande noire, à son tiers moyen, dans toute la longueur; région orbitaire rouge laque, marbrée de bleu ; iris jaune.

L'*Eutropius (Bagrus) Adansonii*, a été créé par Valenciennes sur un échantillon desséché et mal conservé, rapporté par Adanson. L'espèce, ajoute l'auteur, est très voisine de l'*E. Niloticus*. Le type d'Adanson ne nous a révélé aucune différence. Le nom même (*Nkel*) qu'il lui donne, est, à l'orthographe près, le même que le nôtre. Nous réunissons donc les deux espèces, dont rien jusqu'ici ne justifie la distinction.

Gen. **BAGRUS** Bleck.

244. BAGRUS BAYAD C. V.

Bagrus bayad C. V. Hist. nat. Poiss., t. XIV, p. 397.
—   Gunth. Cat. Fish. Brit. Mus., t. V, p. 69.
—   Svg. Faun. ichth. Ogooe, *loc. cit.*
—   . Dum. Poiss. Afr. occ., p. 263, n° 130.

Bettjhe. — Un des Siluroïdes les plus communs du fleuve : — Saint-Louis et tous les marigots ; — estimé ; dépasse 0,780.

Partie supérieure brun violet intense; ventre gris violet pâle casque brun, picté de points bleus; pectorales rosées, à rayon épineux brun; 1re dorsale brune; 2e dorsale d'un brun rougeâtre, à sommet lavé de jaune; anales et ventrales, jaunâtres; caudale brune à la partie supérieure, rougeâtre inférieurement; barbillons rosés; yeux très grands, à iris jaune brun.

245. BAGRUS DOCMAC C. V.

Bagrus docmac C. V. Hist. nat. Poiss., t. XIV, p. 404.
—   Gunth. Cat. Fish. Brit. Mus., t. V, p. 70.

Touhaky. — Commun, avec le *B. bayad*, dont il atteint les dimensions.

Cette espèce, très voisine de la précédente, ne s'en distingue extérieurement que par une forme plus trapue; un rayon de moins à la dorsale, et une coloration plus pâle; mais le nombre de ses vertèbres ne peut laisser aucun doute sur sa légitimité.

· Le nom de *Oalous,* qu'Adanson auttribue au *B. bayad,* ne lui est pas donné par les Ouoloffs; il est appliqué à une espèce du genre *Mormyrus.*

Gen. **CHRYSICHTHYS** Gunth

246. CHRYSICHTHYS MAURUS C. V.

Chrysichthys maurus C. V. *in* Gunth. Cat. Fish., Brit. Mus., —
        t. V., p. 72.
    —   Svg. Faun. ichth. Ogooe, *loc. cit.*
Bagrus maurus C. V. Hist. nat. Poiss., t. XIV, p. 431.
    —   Dum. Poiss. Afr. occ., p. 263, n° 132.

Seysse. — Très commun : — Saint-Louis, marigots ; — rarement mangé ; — taille moyenne 0,559.

Partie supérieure vert bleu métallique; ventre blanc verdâtre; museau, opercule et préopercule à taches nuageuses blanches; nageoires roses; adipeuse bleue; barbillons roses; iris blanc.

247. CHRYSICHTHYS NIGRITA C. V.

Chrysichthys nigrita C. V. *in* Svg. Faun. ichth. Ogooe, *loc. cit.*
Bagrus nigrita C. V. Hist. nat. Poiss., t. XIV, p. 426, pl. 416.
    —   *non Chr. Cranchii* Gunth. Cat. Fish. Brit. Mus., t. V, p. 72.
    —   Dum. Poiss. Afr. occ., p. 263, n° 131.

Sinjkh. — Commun : — avec l'espèce précédente ; — atteint une taille moindre 0.259 à 0,210.

D'après M. le D\ Sauvage (*loc. cit.*), des différences notables existent entre le *C. Cranchii* (*Pimelodus Cranchii* Leach) et le *C. (Bagrus) nigrita* Valenc.; le *C. nigrita* serait jusqu'ici spécial au Sénégal.

248. CHRYSICHTHYS NIGRODIGITATUS Lacep.

Chrysichthys nigrodigitatus Lacep. *in* Gunth. Cat. Fish. Brit. Mus.,
t. V, p. 73.

Arius acutivelis C. V. Hist. nat. Poiss., t. XV, p. 85.
— Dum., Poiss. Afr. occ., p. 263, n° 35.

Henjha. — Assez commun : — Saint-Louis, marigots de Sorres, de
Thionk ; — 0,200 à 0,315 de long.

Nous ne connaissons pas cette espèce de Gorée, où Valenciennes
l'indique.

Gen. **PIMELODUS** Gunth.

249. PIMELODUS PLATYCHIR Gunth.

Pimelodus platychir Gunth. Cat. Fish. Brit. Mus., t. V, p. 134.
— Svg. Faun. ichth. Ogooe, *loc. cit.*

Kelljha. — Assez fréquent : — rivières Gambie, Casamence, Rio-Nunez ;
— un individu de 0,975 provient de l'embouchure de la Falèmé, près
des chutes de Gouina.

Gen. **AUCHENASPIS** Gunth.

250. AUCHENASPIS BISCUTATUS Geoff. S'-H.

Auchenaspis biscutatus Geoff. S'-H. *in* Gunth. Cat. Fish. Brit. Mus.,
t. V, p. 137.
— C. V. Hist. nat. Poiss., t. XV, p. 197.
Pimelodus biscutatus Geoff. S'-H. Descr. Egyp. Poiss., pl. 14, f. 1-3.
— *occidentalis* C. V. Hist. nat. Poiss., t. XV, p. 203.
Auchenaspis occidentalis Svg. Faun. ichth. Ogooe, *loc. cit.*

Kala. — L'un des poissons les plus communs de la région : abonde
toute l'année, dans le Sénégal et le long des quais de l'Ile Saint-
Louis, où il se nourrit de toutes les immondices que l'on jette dans le
fleuve ; les petits nègres en prennent en grande quantité, à l'aide
d'une épingle recourbée attachée à un fil ; vivant, il est dangereux
par les blessures qu'il peut faire en écartant vivement les épines
robustes de ses pectorales et de sa dorsale.

Gris bronzé sur la partie supérieure; ventre gris pâle; tête et armature céphalique, gris marbré de violet; nageoires, brun jaunâtre; ligne latérale noire; barbillons roses; [iris jaune orangé; — en juin et juillet.

Les individus mâles de cette espèce portent, au premier rayon mou de la dorsale et des pectorales, un long filament gris rosé, onduleux; les pointes de l'anale très échancrée sont aussi ornées d'un filament de même nature, mais plus court.

M. Gunther (*loc. cit.*) a compris l'utilité de réunir au *Pimelodus biscutatus* C. V. (*Auchenaspis biscutatus*), le *Pimelodus occidentalis* C. V. (*Auchenaspis occidentalis*).

Valenciennes, dans son grand ouvrage (*loc. cit.*), dit lui-même à l'article *P. occidentalis :* « Il est tellement semblable à celui du Nil (*biscutatus*), que nous avons d'abord hésité à le regarder comme une espèce à part; cependant voici les caractères qui nous y ont déterminé : sa tête est un peu plus allongée.....; son barbillon maxillaire est plus court à proportion; les dents de l'épine pectorale sont beaucoup moins fortes; enfin et surtout le suscapulaire, au lieu de cette partie rhomboïdale qu'il a dans l'espèce d'Egypte, en a une étroite et pointue vers le haut. »

Tous ces caractères, si peu tranchés, ne suffisent pas pour établir l'espèce. Ce serait le lieu de répéter ce que nous disions relativement aux *Heterobranches* Africains : ici encore la question d'âge doit être sérieusement examinée. Par l'étude de nombreux sujets, on voit le passage de l'une à l'autre espèce se manifester par des transitions insensibles, portant sur les points donnés comme différentiels.

Gen. **ARIUS** Gunth.

251. ARIUS HEUDELOTII C. V.

Arius Heudelotii C. V. Hist. nat. Poiss., t. XV, p. 73, pl. 428.
— Gunth. Cat. Fish. Brit. Mus,, t. V, p. 154.
— Svg. Faune ichth. Ogooe, *loc. cit.*
Dum. Poiss. Afr. occ., p. 263, n° 134.
Bagrus Goreensis Guich. *in* Dum. Poiss., Afr. occ., p. 260, n° 133.
— Svg. Faun. Ogooe, *loc. cit.*

Kelkal. — Commun: — Saint-Louis, marigots de Sorres, Leybar, etc. — indiqué de Gorée, par Duméril.

Le *Bagrus Goreensis* Gunth., cité par Duméril dans sa liste des poissons de la côte Occidentale d'Afrique, a été établi sur une peau bourrée, conservée dans l'alcool, et acquise de M. Lennier. Cet échantillon, indiqué comme recueilli à Gorée, porte le n° 1187 dans la Collection ichthyologique du Muséum. Mais ce prétendu *Bagre* n'est autre qu'un exemplaire de l'*Arius Heudelotii,* long de 0,400 ; il est en effet identiquement semblable à cette espèce, ainsi que nous l'a surabondemment démontré l'examen que nous en avons fait, conjointement avec M. le docteur Sauvage.

252. ARIUS PARKII Gunth.

Arius Parkii Gunth. Cat. Fish. Brit. Mus., t. V, p. 154.
— Svg. Faune ichth. Ogooe, *loc. cit.*

Kelkal. — Assez rare : — marigot de Saloum, Gambie, Casamence.

Gen. SYNODONTIS C. V.

253. SYNODONTIS MACRODON Is. G. St-H.

Synodontis macrodon Is. Geoff. St-Hil. Poiss. Nil., p. 156.
— C. V. Hist. nat. Poiss., t. XV, p. 252.
— Gunth. Cat. Fish. Brit. Mus., t. V, p. 211.
— Dum. Poiss. Afr. occ., p. 263, n° 137.
— Svg. Faune ichth. Ogooe, *loc. cit.*

Sénégal.

254. SYNODONTIS SCHAL Hyrt.

Synodontis schal Hyrt. Dnkschr. Acad. Wiess. Wien., 1859, t. XVI, p. 16.
— Gunth. Cat. Fish. Brit. Mus., t. V, p. 212.
— Svg. Faune ichth. Ogooe, *loc. cit.*

Bendajh. — Assez commun : — Saint-Louis (fleuve), marigots de Leybar, Thionk, lac de Guerr.

255. SYNODONTIS NIGRITUS C. V.

Synodontis nigritus C. V. Hist. nat. Poiss., t. XV, p. 265, pl. 441.
    —   Gunth. Cat. Fish. Brit. Mus., t. V, p. 214.
    —   Svg. Faune ichth. Ogooe, *loc. cit.*
Synodontis nigrita Valenc. *in* Dum., Poiss. Afr. occ., p. 263,
    n° 138.

Bendäjh. — Commun : — Sénégal, marigots de Thionk, Sorres, Dakar Bango ; — moins commun dans le haut Sénégal, ainsi que ses congénères.

256. SYNODONTIS GAMBIENSIS Gunth.

Synodontis Gambiensis Gunth. Cat. Fish. Brit. Mus., t. V, p. 214.

Ampembua. — Assez commun : —Falèmé, haut Sénégal, Casamence, Gambie.

257. SYNODONTIS XIPHIAS Gunth.

Synodontis xiphias Gunth. Cat. Fish. Brit. Mus., t. V, p. 215.

Ampembua. — Mêmes localités que le *Gambiensis ;* — toutes ces espèces sont recherchées comme aliment par les nègres.

Gen. **MALAPTERURUS** Lacep.

258. MALAPTERURUS ELECTRICUS Lacep.

Malapterurus electricus Lacep., t. V, p. 91.
    —   C. V. Hist. nat. Poiss., t. XV, p. 518, pl. 455.
    —   Gunth. Cat. Fish. Brit. Mus., t. V, p. 219.
    —   Dum. Poiss. Afr. occ., p. 263, n° 141.
    —   Svg. ichth. Ogooe, *loc, cit.*, et notice sur la Faune ichth.
    Ogooe, *in* Bull. Soc. Phil. Paris, 28 décembre 1878.

Wagnard. — Très commun dans tout le Sénégal et les marigots ; — estimé et recherché des nègres, qui ne tiennent aucun compte de ses facultés électriques.

Le *Malapterurus electricus* du Sénégal, d'après Valenciennes, a les taches plus marquées et souvent moins nuageuses que celles des individus pêchés dans le Nil (*loc. cit.*, p. 538). Celui qu'il décrit, provenant de ce fleuve, porte sur un fond olivâtre plus ou moins foncé, des taches noires semées sans ordre sur tout le corps et les nageoires (*loc. cit.*, p. 522). D'un autre côté, M. le Dr Sauvage (*loc. cit.*) donne au *M. electricus* une bande blanchâtre, au pédicule caudal. Nos échantillons diffèrent, sous certains rapports, de ceux décrits par les auteurs précités. C'est au *M. electricus*, var. *Ogooensis* Svg., qu'ils ressemblent le plus, et dès lors ils pourraient être inscrits sous le nom de : *forma Senegalensis*.

Partie supérieure gris cendré foncé; ventre blanc jaunâtre; larges maculatures noires distribuées irrégulièrement sur le dos, les flancs et les nageoires; une bordure rouge pâle à la caudale, l'anale et les ventrales; adipeuse grise; barbillons rosés; iris rouge vif.

Fam. **CHARACINIDÆ** Mull.

Gen. **CITHARINUS** Mull. et Trosch.

259. CITHARINUS GEOFFROYI Cuv.

Citharinus Geoffroyi C. V. Hist. nat. Poiss., t. XXII, p. 95.
— Gunth. Cat. Fish. Brit. Mus., t. V, p. 302.
— Dum. Poiss. Afr. occ., p. 264, n° 164.
— Svg. Faune ichth. Ogooe, *loc. cit.*

Beets. — Pêché en août, et très recherché comme aliment; — Sénégal, marigots de Thionk, Ile à Morphile, Dakar Bango, Falèmé, Gambie; — taille moyenne : 0,443.

Front et région dorsale, jusqu'au pied de la nageoire, vert métallique; flancs violacés à maculatures plus foncées; ventre blanc argent; dorsale et lobe supérieur de la caudale violet pourpre; adipeuse bleue; anales, ventrales et lobe inférieur de la caudale, rouge laque; pectorales violacées; iris blanc pur.

Gen. **ALESTES** Gunth.

260. ALESTES SETHENTE C, V.

Alestes sethente C. V. Hist. nat. Poiss., t. XXII, p. 190.
— Gunth. Cat. Fish. Brit. Mus., t. V, p. 313.
— Dum. Poiss. Afr. occ., p. 264, n° 167.

Sénégal, Gambie.

261. ALESTES KOTSCHYI Heck.

Alestes Kotschyi Heckel *in* Russegger, Reise, t. II, part. 3, p. 308,
tab. 21, fig. 4.
— Gunth. Cat. Fish. Brit. Mus., t. V, p. 313.

Selinqué. — Très commun : — Sénégal et ses marigots ; lac de Guerr,
Falèmé, Casamence ; — n'est pas mangé ; — les plus grands individus ne dépassent pas 0,117.

Les mots *Body silvery,* de M. Gunther, ne donnent aucune idée
des couleurs de cette espèce.

Brun grisâtre très brillant, plus pâle dans la région inférieure :
adipeuse plus foncée, ainsi que le lobe supérieur de la caudale ;
lobe inférieur rougeâtre ; pectorales violacées ; les autres nageoires grisâtres ; iris jaune très clair.

262. ALESTES MACROLEPIDOTUS Bilh.

Alestes macrolepidotus Bilharz, Sitzgsber. Acad. Wien., 1852, t. III,
tab. 37.
— Gunth. Cat. Fish. Brit. Mus., t. V, p. 313.
Bricinus macrolepidotus C. V. Hist. nat. Poiss., t. XXII, p. 157,
pl. 639.
— Dum. Poiss. Afr. occ., p. 264, n° 165.
— Svg. Faune ichth. Ogooe, *loc. cit.*

Karkar. — Peu commun : marigots de Sorres, Leybar, Dakar Bango,
Thionk, Gambie ; — assez fréquemment mangé par les nègres ; —
de 0,180 à 0,210 de long.

Gen. **BRACHYALESTES** Gunth.

263. BRACHYALESTES NURSE Rupp.

Brachyalestes nurse Rupp. *in* Gunth. Cat. Fish. Brit. Mus., t. V,
p. 314.
Chalceus giule C. V. Hist. nat. Poiss., t. XXII, p. 255.
— Dum. Poiss. Afr. occ., p. 264, nº 168.

Sénégal.

264. BRACHYALESTES LONGIPINNIS Gunth.

Brachyalestes longipinnis Gunth. Cat. Fish. Brit. Mus., t. V, p. 315.
— Svg. Faune ichth. Ogooe, *loc. cit.*

Sandoné. — Commun : — marigots du Sénégal, rade de Sant-Louis,
lac de Guerr, Gambie, Rio-Nunez.

Région supérieure vert métallique; ventre blanc; nageoires
rosées; adipeuse bleue; une tache elliptique de même couleur
en avant du pédicule de la caudale, se prolongeant jusqu'à l'extrémité des rayons; iris rouge; — atteint 0.152 de longueur.

Gen. **HYDROCYON** Mull. et Trosch.

265. HYDROCYON FORSKALII Cuv.

Hydrocyon Forskalii Cuv. Mém. Mus., t. V, p. 354, pl. 28, f. 1.
— C. V. Hist. nat. Pois., t. XXII, p. 309.
— Gunth. Cat. Fish. Brit. Mus., t. V, p. 351.
— Dum. Poiss. Afr. occ., p. 264, nº 169.
— Svg. Faune ichth. Ogooe, *loc. cit.*
Hydrocyon brevis Gunth. Cat. Fish. Brit. Mus., t. V, p. 351.
Hydrocyon lineatus Schleg. Mus. Lugd. Bat. — Bleck. Poiss. Guin.,
p. 125.
— Gunth. Cat. Fish. Brit. Mus., t. V, p. 352.
— Svg. Faune ichth. Ogooe, *loc. cit.*

Guerr. — Très commun : — tout le Sénégal et ses marigots, embou-

chure de la Falèmé, Gambie, Casamence ; — très estimé, surtout par
les Européens, qui le désignent sour le nom de *Brochet* ; — de 0,525
à 0,893 de longueur.

Les caractères assignés par Blecker et M. Gunther aux
Hydrocyon lineatus et *brevis*, ne présentent pas une valeur suffi-
sante pour les distinguer spécifiquement de l'*Hydrocyon Forskalii*.
En effet, la hauteur du corps comparée à sa longueur, et deux
ou quatre écailles en plus ou en moins sur la ligne latérale, ne sauraient constituer une démarcation franche entre des
groupes d'individus, parce que les uns proviennent du Sénégal,
ou du haut et du bas Nil, les autres du Centre de l'Afrique, ou
bien des Côtes de Guinée. L'existence d'espèces identiques dans
la plupart des fleuves Africains, est aujourd'hui démontrée, et il
n'est plus possible, pour un assez grand nombre, d'invoquer
l'habitat dans le but de faire prévaloir des caractères d'impor-
tance tout au plus secondaire. Le même principe, appliqué à certains genres des fleuves de France, trouverait, nous en sommes
convaincu, fort peu d'imitateurs, et serait cependant souvent
beaucoup plus admissible.

Cuvier connaissait les formes trapues et les formes allongées des
Hydrocyon du Nil et du Sénégal ; malgré « l'examen détaillé de
» toutes leurs parties, il n'avait pu trouver aucune différence
» spécifique entre ces diverses formes (*loc. cit.*, p. 314). » C'est
que l'illustre auteur de l'Histoire des Poissons, mieux que
l'Ichthyologiste Allemand, savait discerner les caractères sur
lesquels il fondait ses espèces ; et de son côté M. Gunther les
eût peut-être plus difficilement définies, si, comme ses maître
Cuvier et Valenciennes, auxquels il n'épargne pas ses critiques,
il n'eût eu pour sujets d'étude que des échantillons trop souvent d'une conservation défectueuse.

Les opinions de Cuvier et de M. Gunther nous étaient connues
à l'époque de nos recherches dans la Sénégambie, et nous avons
pu les contrôler à l'aide de nombreux types d'*Hydrocyon* du
Sénégal, de la Falèmé, de la Gambie et de la Casamence, où les
formes trapues et les formes allongées sont largement repré-
sentées. Il résulte de ce contrôle que Cuvier a eu raison de
ne pas scinder en plusieurs espèces l'*Hydrocyon Forskalii*.

Des recherches ultérieures viendront, telle est notre conviction, affirmer ces données; mais, quoi qu'il arrive, si des espèces autres que l'*H. Forskalii*, se rencontrent un jour dans les fleuves de l'Afrique, nul doute que des naturalistes consciencieux sauront trouver pour les décrire, des caractères d'une valeur moins discutable que ceux invoqués par M. Gunther.

Gen. **SARCODACES** Gunth.

266. SARCODACES ODOE Bloch.

Sarcodaces odoe Bloch *in* Gunth. Cat. Fish. Brit. Mus., t. V, p. 252.
Xyphorhynchus odoe C. V. Hist. nat. Poiss., t. XXII. p. 345.
— Dum. Poiss. Afr. occ., p. 264, n° 170.

Segaell. — Commun : — Sénégal, tous les marigots. Falémé, lac de Guerr, Gambie ; — très estimé ; — atteint 0,570.

Dos vert doré métallique; flancs rosés; ventre blanc rosé argenté; dorsale, anale et caudale brunâtres à rayons rouges, couvertes de maculatures brunes; adipeuse bleue; ventrales jaune pâle; pectorales de même couleur, pictées de rouge à la base; trois bandes onduleuses de couleur orangée, partant de l'angle interne de l'œil et s'irradiant pour se terminer au bord de l'opercule; iris blanc rosé.

Gen. **DISTICHODUS** Mull. et Trosch.

267. DISTICHODUS NILOTICUS Mul.

Distichodus Niloticus Mull. et Trosch. Hor. ichth., t. I, p. 12, tab. 1. fig. 3.
— Gunth. Cat. Fish. Brit. Mus., t. V. p. 360.
Distichodus nefasch C. V. Hist. nat. Poiss., t. XVII. p. 175.
— Dum. Poiss. Afr. occ., p. 264, n° 166.

Somar. — Commun : — Sénégal, marigots de Leybar, Sorres, Thionk, Dakar Bango, Falémé, Casamence, Gambie ; — de 0,215 à 0, 359 de long.

La coloration de cette espèce varie chez le mâle et la femelle

♂. Teinte générale vert clair brillant; de larges maculatures foncées et bleuâtres sur le dos et les flancs; caudale de même couleur; le tout piqueté de points blanchâtres; dorsale et anale grisâtres, à taches bleues; pectorales et ventrales rosées;

♀. Teinte générale violacée; de larges maculatures vertes sur la tête, le dos et les flancs; dorsale jaunâtre pâle, à points bleus; anale rosée, avec des points également bleus; caudale rougeâtre, piquetée de blanc; — iris blanc, chez l'un et l'autre.

268. DISTICHODUS ROSTRATUS Gunth.

Distichodus rostratus Gunth. Cat. Fish. Brit. Mus., t. V, p. 360.
    —   Svg. Faune ichth. Ogooe, *loc. cit.*

Somar. — Très commun dans tous les marigots du Sénégal; — mangé par les nègres; — Casamence, Gambie, où il est peu estimé.

D'un vert mat sur la région dorsale, à bandes nuageuses plus foncées s'arrêtant à la ligne latérale; ventre blanc; dorsale verdâtre, à taches brunes; anale grisâtre; les autres nageoires jaunâtres; iris blanc jaune.

Fam. MORMYRIDÆ Mull.

Gen. MORMYRUS Gunth.

269. MORMYRUS RUME C. V.

Mormyrus rume C. V. Hist. nat. Poiss., t. XIX, p. 247, pl. 599.
    —   Dum. Poiss. Afr. occ., p. 264, n° 151.

Sénégal, les marigots.

270. MORMYRUS HASSELQUISTII C. V.

Mormyrus Hasselquistii C. V. Hist. nat. Poiss., t. XIX, p. 253.
    —   Gunth. Cat. Fish. Brit. Mus., t. IV, p. 217.
    —   Svg. Faune ichth. Ogooe, *loc. cit.*

Houdoun. — Peu commun : — Sénégal et ses marigots, lac de Guerr, Falèmé, Gambie.

271. MORMYRUS JUBELINI C. V.

Mormyrus Jubelini C. V. Hist. nat. Poiss., t. XIX, p. 252.
— Dum. Poiss. Afr. occ., p. 264, n° 152.
— Svg. Faune ichth. Ogooe, *loc. cit.*

Waualouss. — Sénégal et ses marigots, Gambie ; — assez commun.

Teinte générale verdâtre très pâle, pictée de vert plus foncé: toutes les nageoires violet clair; museau picté de même couleur; iris jaune.

272. MORMYRUS MACROPHTHALMUS Gunth.

Mormyrus macrophthalmus Gunth. Cat. Fish. Brit. Mus.. t. VII
Svg. Faune ichth. Ogooe, *loc. cit.*

Beukell. — Rare . — Sénégal, Falèmó, Casamence

273. MORMYRUS TAMANDUA Gunth.

Mormyrus tamandua Gunth. Proced. Zool. Soc., 1864. pl. 2. f. 1.
— et Cat. Fish. Brit. Mus., t. VI, p. 217.

Wawouas. — Rare : — Sénégal, Gambie.

274. MORMYRUS CYPRINOIDES Lin.

Mormyrus cyprinoides L. Mus. Ac. Frid., p. 109.
— Gunth. Cat. Fish. Brit. Mus.. t. VI, p. 218.
— C. V. Hist. nat. Poiss., t. XIX, p. 265.
— Svg. Faune ichth. Ogooe, *loc. cit.*

N'Dickouss. — Haut-Sénégal. Falèmé. Gambie ; — assez fréquemment pêché.

275. MORMYRUS NIGER Gunth.

Mormyrus niger Gunth. Cat. Fish. Brit. Mus., t. V, p. 219.
    —   Svg. Faune ichth. Ogooe, *loc. cit.*

Gambie, Sénégal.

276. MORMYRUS BRACHYISTIUS Gill.

Mormyrus brachyistius Gill. Proced. Acad. nat. Sc. Phil., 1862,
    p. 139.
    —   Gunth. Cat. Fish. Brit. Mus., t. VI, p. 219.
    —   Svg. Faune ichth. Ogooe, *loc. cit.*

Ojhongoh. — Rare : — Sénégal, Casamence, Gambie, Falémé.

277. MORMYRUS ADSPERSUS Gunth.

Mormyrus adspersus Gunth. Cat. Fish. Brit. Mus., t. VI, p. 221.
    —   Svg. Faune ichth. Ogooe, *loc. cit.*

Sénégal, Gambie.

Les couleurs que nous avons indiquées au *Mormyrus Jubelini* sont généralement semblables chez toutes les espèces de ce genre. Elles se modifient par des teintes plus foncées ou plus claires et ne peuvent être d'un grand secours pour la détermination. Souvent le picté verdâtre est remplacé par des taches, quelquefois aussi par des bandes transverses. Certaines espèces atteignent une forte taille, qui varie depuis 0,120 jusqu'à 0,795 et même 0,800. Très estimé des nègres, les Européens recherchent également le *M. Jubelini* comme aliment. Aussi vient-il souvent sur les marchés, apporté parfois de localités très éloignées par les Maures, et surtout par les Pouls et les Bambaras.

Gen. **HYPEROPISUS** Gill.

278. HYPEROPISUS OCCIDENTALIS Gunth.

Hyperopisus occidentalis Gunth. Cat. Fish. Brit. Mus., t. VI, p. 223.
—   Svg. Faune ichth. Ogooe, *loc. cit.*

Roumm. — Assez rare : — Sénégal et ses marigots, lac de Guerr, Falèmé, Gambie, Casamence, Rio-Pongo ; — peu estimé ; — atteint 0,498 et plus.

Tête vert métallique intense ; dos jaune doré ; flancs bleus violacés ; ventre blanc ; pectorales et caudales, rougeâtre laque ; dorsale, anale et ventrale, jaunâtre doré, à rayons bruns ; iris rouge foncé.

Fam. **GYMNARCHIDÆ** Mull.

Gen. **GYMNARCHUS** Cuv.

279. GYMNARCHUS NILOTICUS Cuv.

Gymnarchus Niloticus Cuv. Règ. an. — Erdl. Abhandl. Bays. Akad.
     Wiss. 1847, p. 209.
—   Gunth. Cat. Fish. Brit. Mus., t. VI, p. 224.
—   Svg. Faune ichth. Ogooe, *loc. cit.*

Ouonoée. — Peu commun : — Sénégal, marigots de Sorres, des Maringouins, lac de Guerr, Falèmé ; — dépasse 0,497 ; — n'est pas mangé par les nègres.

Brun rouge à la partie antérieure ; ventre blanc rougeâtre ; ligne latérale noire ; dorsale brune, à base noire ; rayons de même couleur ; un point noir à la base de chacun de ces rayons ; pectorales noirâtres ; des lignes blanches onduleuses répandues sans ordre sur les flancs ; iris jaune.

Fam **SCOMBRESOCIDÆ** Mull.

Gen. **BELONE** Cuv.

280. **BELONE LOVII** Gunth.

Belone Lovii Gunth. Cat. Fish. Brit. Mus., t. VI, p. 236.

Cap Vert, d'où M. Bouvier en a rapporté de beaux spécimens.

281. **BELONE SENEGALENSIS** C. V.

Belone Senegalensis C. V. Hist. nat. Poiss., t. XVIII, p. 421.
— Gunth. Cat. Fish. Brit. Mus., t. VI, p. 254.
— Dum. Poiss. Afr. occ., p. 264, n° 147.

Sambasselette. — Vit par bandes, que l'on pêche en novembre dans les brisants : Guet N'Dar, pointe de Barbarie, embouchure du Sénégal, Gorée, Dakar, banc d'Argain ; — peu estimé ; — les nègres le rejettent à cause de la couleur verte des os, comme chez l'espèce de nos mers (*Belone vulgaris* Flem.).

Dos vert jaunâtre; ventre blanc pur très brillant; une bande violet pâle le long de la ligne latérale: une seconde, rose très clair, à la base du ventre; nageoires verdâtres, ainsi que le maxillaire supérieur; iris jaune.

282. **BELONE CHORAM** Rupp.

Belone choram Rupp. N. Wirb. Fish., p. 72
— Gunth. Cat. Fish. Brit. Mus., t. VI, p. 230-357.
— Steind. Beitr. Kenn. Fish. Afrik., p. 31.

Rufisque *(teste* Steindachner); — Gunther l'indique (*loc. cit.*) comme provenant des côtes de la rivière Cameroon.

L'espèce habite les côtes de Mozambique et de Zanzibar.

Gen. **HEMIRAMPHUS** Cuv.

283. HEMIRAMPHUS SCHLEGELI Bleck.

Hemiramphus Schlegeli Bleck. Poiss. Guin., p. 120, tab. XXV, fig. 1.

Sambajh. — Se rencontre en petites troupes dans les parages où la mer est agitée ; généralement sur les fonds de rochers : — embouchure de la Gambie, de la Casamence et du Rio-Nunez ; — toujours de petite taille, 0.097 à 0,115.

284. HEMIRAMPHUS VITTATUS Valenc.

Hemiramphus vittatus Valenc. Ichth. Canar., p. 70.
— Gunth. Cat. Fish. Brit. Mus., t. VI, p. 269.

Sambajh. — Rare : — rade de Guet N'Dar, pointe de Barbarie ; — plus commun dans les brisants du cap Mirik.

285. HEMIRAMPHUS BRASILIENSIS Lin.

Hemiramphus Brasiliensis Lin. *in* Gunth. Cat. Fish. Brit. Mus., t. VI, p. 270.
Hemiramphus Brownii C. V. Hist. nat. Poiss., t. XIX, p. 13.
— Dum. Poiss. Afr. occ., p. 264, n° 148.

Sambajh. — Assez commun : — Gorée, Dakar, cap Vert, banc d'Arguin, Rufisque, Joalles.

Gen. **EXOCÆTUS** Arted.

286. EXOCÆTUS EVOLANS Lin.

Exocætus evolans Lin. Syst. Nat. p. 521.
— Gunth., Cat. Fish. Brit. Mus., t. VI, p. 282.
— Dum. Poiss. Afr. occ., p. 264, n° 150.
Exocætus obtusirostris Gunth. Cat. Fish. Brit. Mus., t. VI, p. 283.

Nankhar. — Cap Vert, Gorée, Dakar, banc d'Argain ; — assez commun, en juin et juillet.

Nous ne trouvons aucun caractère sérieux pour séparer l'*Exocætus obtusirostris* Gunth. de l'*E. evolans* Lin.De l'aveu même de son inventeur, le museau plus court et la tête plus haute l'en distinguent seulement; il compte aussi deux écailles de moins sur la ligne latérale; — c'est la répétition de ce que nous avons signalé pour l'*Hydrocyon Forskalii*.

287. EXOCÆTUS LINEATUS C. V.

Exocætus lineatus C. V. Hist. nat. Poiss., t. XIX, p. 92.
    —   Gunth. Cat. Fish. Brit. Mus., t. VI, p. 287.
    —   Dum. Poiss. Afr. occ., p. 264, n° 149.
Exocætus exiliens Bloch. *in* Valenc. Ichth. Canar., p. 71.

Goumbonn. — Gorée, Dakar, cap Vert ; — commun, en juin et juillet, avec le précédent.

Fam. CYPRINODONTIDÆ Agass.

Gen. HAPLOCHILUS Mull.

288. HAPLOCHILUS FASCIOLATUS Gunth.

Haplochilus fasciolatus Gunth. Cat. Fish. Brit. Mus., t. VI,
    p. 358 (add.).

Nergnah. — Peu commun : — Gambie, Rio-Pongo ; — dépasse raremen 0,052.

289. HAPLOCHILUS SPILARGYREIA Dum.

Haplochilus spilargyreia Dum.
Haplochilus infrafasciatus Gunth. Cat. Fish. Mus., t. VI, p. 313.
Pœcilia spilargyreia Dum. Poiss. Afr. occ., p. 258-264, n° 146.

Cette espèce est indiquée par Duméril comme provenant des eaux douces de la côte des Mandingues. C'est évidemment de la Falèmé ou des chutes de Gouina que les exemplaires lui sont parvenus.

Il est juste de rendre à cette espèce le nom imposé par Duméril, nom que M. Gunther a cru devoir changer en celui d'*infrafasciatus*, parce que ses échantillons portent des bandes, contrairement à ceux de Duméril, d'une coloration uniforme. Elle appartient au genre *Haplochilus* et non au genre *Pœcilia*. Nous nous en sommes assuré par l'étude des exemplaires types (n° 2992 de la Coll. ichth. du Mus.); mais le nom spécifique était créé cinq ans avant que M. Gunther ne l'eût connu. Ce nom a donc acquis le droit de priorité.

Fam. **CYPRINIDÆ** Agass.

Gen. **LABEO** Cuv.

290. **LABEO SELTI** V. C.

Labeo selti C. V. Hist. nat. Poiss., t. VI, p. 345.
—   Dum. Poiss. Afr. occ., p. 263, n° 142.
—   Svg. Faune ichth. Ogooe, *loc. cit.*

Sénégal.

291. **LABEO SENEGALENSIS** C. V.

Labeo Senegalensis C. V. Hist. nat. Poiss., t. XVI, p. 346, pl. 486.
—   Gunth. Cat. Fish. Brit. Mus., t. VII, p, 49.
—   Dum. Poiss. Afr. occ., p. 263, n° 143.
Rohitichthys Senegalensis Bleck. Atl. ichth. Cypr., p. 25.
—   Svg. Faune ichth. Ogooe, *loc. cit.*

Sotts. — Très commun dans tout le Sénégal et les marigots; — recherché comme aliment; — taille moyenne : 0,543.

Dos vert bronzé intense; ventre rosé; toutes les écailles violacées à leur partie libre; dorsale verdâtre, à rayons rouges, ainsi que la caudale; les autres nageoires roses; iris blanc jaunâtre.

Gen. **BARBUS** Gunth.

292. BARBUS COMPTACANTHUS Bleck.

Barbus comptacanthus Bleck. *in* Gunth. Cat Fish. Brit. Mus., t. VII,
  p. 134.
Barbodes comptacanthus Bleck. Poiss. Guin., p. 111, tab. 23, fig. 2.
  —   Svg. Bull. Soc. Phil. Paris, 1878, p. 14.

Gnonghi. — Assez rare dans le Sénégal ; — plus commun dans la
Falèmé et la Gambie.

Fam. **OSTEOGLOSIDÆ** Agass.

Gen. **HETEROTIS** Ehrh.

293. HETEROTIS NILOTICUS Ehrh.

Heterotis Niloticus Ehrh. *in* Gunth. Cat. Fish. Brit. Mus., t. VII,
  p. 380.
Heterotis Adansonii C. V. Hist. nat. Poiss., t. XIX, p. 478.
  —   Dum. Poiss. Afr. occ., p. 264, n° 156.

Diagal. — Commun : — Sénégal, marigots des Maringouins, de
Dakar Bango, Leybar ; — est rarement mangé ; — pêché surtout en
décembre ; — dépasse souvent 0,789 de long.

Adanson rapporte que les nègres nomment cette espèce *Vastrès*
(C. V. *loc. cit.*). Nous ne l'avons point entendu appeler ainsi. Ses
couleurs sont réparties de la façon suivante : parties supérieures
vert noirâtre ; ventre rouge pâle ; ces deux teintes séparées par une
ligne latérale noire ; nageoires blanc verdâtre, à rayons plus
foncés, à l'exception des ventrales qui sont roses ; opercule
violacé ; museau jaunâtre ; iris de même couleur.

Fam. **CLUPEIDÆ** Cuv.

Gen. **CLUPEA** Cuv.

294. CLUPEA AUREA C. V.

Clupea aurea Cuv. *in* Gunth. Cat. Fish. Brit. Mus., t. VII, p. 437.
Alausa aurea C. V. Hist. nat. Poiss., t. XX, p. 427.
   ⸺   Dum. Poiss. Afr. occ., p. 264, n° 162.

Cap Vert, Gorée.

295. CLUPEA DORSALIS C. V.

Clupea dorsalis C. V. *in* Gunth. Cat. Fish. Brit. Mus., t. VII, p. 438.
Alausa dorsalis C. V. Hist. nat. Poiss., t. XX, p. 488.
     ⸺   Dum. Poiss. Afr. occ., p. 264, n° 162.
Alosa platycephalus Bleck. Poiss. Guin., p. 123, pl. 26, f. 2.

Wouah. — Commun : — séjourne par bandes, d'avril en septembre ;
— côtes de Gorée, Dakar, Joalles, Portendick ; — nous ne l'avons
jamais rencontré dans les eaux douces, comme l'indique
M. Gunther.

296. CLUPEA MADERENSIS Lowe.

Clupea Maderensis Lowe. Trans. Zool. Soc., t. II, p. 189.
     ⸺   Gunth. Cat. Fish. Brit. Mus., t. VII, p. 440.
Alausa eba C. V. Hist. nat. Poiss., t. XX, p. 417.
     ⸺   Dum. Poiss. Afr. occ., p. 264, n° 160.

Awouath. — Côtes de Gorée, Guet N'Dar, cap Vert ; — communément pêché en juin et juillet.

Le nom de *Eba* donné à cette espèce, par Adanson, d'après les
Ouoloffs, est inconnu aujourd'hui ; ses couleurs ne ressemblent
également en rien à celles qui lui sont attribuées par les auteurs.
Dos vert métallique foncé ; ventre blanc argenté bleuâtre ; une
ligne longitudinale d'un blanc pur règne le long de la ligne latérale ; douze lignes perpendiculaires formées de très petits points·

bleus, partant de cette ligne blanche, descendent jusqu'au bas de l'abdomen; lobe supérieur de la caudale vert comme le dos; l'inférieur noirâtre; les autres nageoires rosées; opercule lavé de rose; iris jaunâtre; atteint 0,354.

297. CLUPEA SENEGALENSIS C. V.

Clupea Senegalensis C. V. *in* Gunth. Cat. Fish. Brit. Mus., t. V, p. 441.
Melitta Senegalensis C. V. Hist. nat. Poiss., t. XX, p. 370.
— Dum. Poiss. Afr. occ., p. 264, n° 159.

Hoboh. — Peu commun : — rade de Guet N'Dar, embouchure du Sénégal, Portendick, banc d'Argain ; — taille moyenne 0,412.

Étudiée sur le vivant, cette espèce présente : dos vert jaunâtre doré; ventre blanc argenté, une teinte violacée pâle métallique sur les flancs; dorsale verdâtre, à rayons plus foncés; anale rouge; caudale de même couleur, à sommet du lobe supérieur bleuâtre foncé; ventrales et pectorales rosées; iris blanc jaunâtre.

Les écailles profondément ciliées sur le bord libre donnent à cette espèce un aspect tout particulier; les écailles dorsales seules portent ces cils très longs et très flexibles, leur longueur est plus prononcée chez les individus mâles.

Gen. PELLONULA Gunth.

298. PELLONULA VORAX Gunth.

Pellonula vorax Gunth. Cat. Fish. Brit. Mus., t. VII, n. 452.

Samba Amoul Karo. — Vit en troupes nombreuses, et est pêché principalement pendant l'hivernage; — très estimé des nègres et des Européens : — Sénégal et tous les marigots, Sorres, Thionk, Leybar, Dakar Bango, etc. ; — de 0,080 à 0,115.

Dos rouge vif clair; une ligne de même couleur à la base du ventre, ce dernier blanc argent; nageoires verdâtres transparentes; iris blanc rosé.

C'est de cette espèce dont parle Adanson et qu'il prit pour de petits rougets, lorsqu'il dit (*loc. cit.*, p. 155) : « En traversant » l'Ile au Bois pour gagner le village de Kionk, j'aperçus plu-» sieurs petits poissons dans les marais formés par l'eau des « pluies; ils étaient tous d'une même espèce, et le rouge vif » dont ils étaient colorés, me les fit reconnaître pour des rougets » de la petite espèce. »

Gen. **PELLONA** C. V.

299. PELLONA AFRICANA Bleck.

Pellona *Africana* Bleck. Poiss, Guin., p. 122, tab. 26, fig. 1.
—   Gunth. Cat. Fish. Brit. Mus., t. VII, p. 455.
Pellona *iserti* C. V. Hist. nat. Poiss., t. XX, p. 307.
—   Dum. Poiss. Afr. occ., p. 259, n° 157.

Samba. — Peu commun : — Sénégal, marigots de Sorres, Leybar, Casamence; — se rencontre par petites troupes.

300. PELLONA GABONICA Dum.

Pellona *gabonica* Dum. Poiss. Afr. occ., p. 259, tab. XXIII, fig. 3. Ca 264, n° 158.

Sambatta. — Rare dans le Sénégal ; — assez commun dans la Falèmé, la Casamence et la Gambie.

Gen. **ALBULA** Gronow.

301. ALBULA CONORHYNCUS Bleck.

Albula conorhyncus Bleck. Schn., tab. 86.
—   Gunth. Cat. Brit. Mus., t. VII, p. 458.
Albula Goreensis C. V. Hist. nat. Poiss., t. XIX. p. 342.

Cap Vert, Gorée.

Gen. **ELOPS** Lin.

302. ELOPS SAURUS Lin.

Elops saurus Lin. Syst. Nat., 1, p. 518.
   —   Gunth. Cat. Fish. Brit. Mus., t. VII, p. 470.
   —   Dum. Poiss. Afr. occ., p. 264, n° 154.

Leaktioye. — Très commun : — Sénégal, marigots de Leybar, Dakar Bango, Thionk.

Dos vert bleu métallique; ventre blanc verdâtre brillant; dorsale jaunâtre, à partie antérieure de la couleur du dos; lobe supérieur de la caudale, de même couleur; lobe inférieur rougeâtre; anale violacée; pectorales rougeâtres; iris jaune pâle.

303. ELOPS LACERTA C. V.

Elops lacerta C. V. Hist. nat. Poiss., t. XIX, p. 381, pl. 575.
   —   Gunth. Cat. Fish. Brit. Mus., t. VII. p. 471.
   —   Dum. Poiss. Afr. occ., p. 264, n° 155.

Leak. — Très commun, avec le précédent.

Dos gris bleuâtre métallique, pâle; ventre blanc, faiblement azuré; 1er lobe de la caudale brun; lobe inférieur, jaune doré; les autres nageoires rosées; une tache bleuâtre à la dorsale; régions frontale et operculaire vert métallique foncé, piquetées de points bleus; iris jaune pâle.

La plupart de nos Clupeïdes Africains ne sont pas recherchés comme aliment par les populations nègres, à cause de leur taille en général petite; certains d'entre eux cependant, les *Elops* notamment, sont séchés et apportés par les Maures qui les échangent ou les vendent aux nègres.

Gen. **MEGALOPS** Commers.

304. MEGALOPS THRISSOIDES Bleck.

Megalops thrissoïdes Bleck. Schn., p. 424.
— Gunth. Cat. Fish. Brit. Mus., t. VII, p. 38.
Megalops atlanticus C. V t. XIX, p. 398.
Megalops giganteus Bleck. Ned. Tydschr. Dierk., t. III, 1866, p. 282.

Mell. — Rare : — pêché au large, généralement au mois d'août ; — rade de Guet N'Dar, Gorée ; — ne remonte jamais les fleuves et passe par troupes peu nombreuses ; — très estimé ; — cette espèce dépasse la taille de 2 mètres.

Parties supérieures bleu outremer brillant ; ventre blanc argenté : nageoires brun verdâtre, à rayons bruns ; iris jaune rougeâtre.

Dum. **NOTOPTERIDÆ** Cuv.

Gen. **NOTOPTERUS** C. V.

305. NOTOPTERUS AFER Gunth.

Notopterus afer Gunth. Cat. Fish. Brit. Mus., t. VII, p. 180.

Dabjha. — Peu commun : — rivière de Gambie, embouchure du Rio-Pongo, embouchure de la Casamence, cap Roxo, baie de Sainte-Marie ; — de passage au mois d'août.

Fam. **MURÆNIDÆ** Mull.

Gen. **CONGER** Kaup.

306. CONGER MARGINATUS Valenc.

Conger marginatus Valenc. *in* Voy. Bon. Poiss., p. 201, pl. 9 fig. 1.
— Gunth. Cat. Fish. Brit. Mus., t. VIII, p. 38.

Dyêye. — Commun en rade de Guet N'Dar, marigots des Maringouins, Sorres, Leybar.

Gen. **MYRIOPHIS** Bleck.

307. **MYRIOPHIS PUNCTATUS** Lütk.

Myriophis punctatus Lütken Vidensk. 'Meddel. naturb. Foren. Kjoehenh. 1851, n° 1g
—   Gunth. Cat. Fish. Brit. Mus., t. VIII, p. 50.

Rare : — Gambie (rapporté par M. Bouvier).

Gen. **OPHICTHYS** Gunth.

308. **OPHICTHYS ROSTELLATUS** Rich.

Ophicthys rostellatus Rich. *in* Gunth. Cat. Fish. Brit. Mus., t. VIII, p. 56.
Mystriophis rostellatus Kaup. Apod., p. 10.
—   Dum. Poiss. Afr. occ., p. 264, n° 178.

Dian Doujher. — Peu commun : — pêché au large, par 120 brasses de profondeur, sur fond de sable ; — rade de Guet N'Dar, embouchure de la Gambie ; entre parfois dans le Sénégal ; — taille moyenne 0,980.

Teinte générale brune, grisâtre sous le ventre ; tête ornée de lignes onduleuses violacées ; pectorales noires ; dorsale et anale rosées, avec une ligne noire bordant ces deux nageoires.

309. **OPHICTHYS SEMICINCTUS** Rich.

Ophicthys semicinctus Rich. Voy. Erèbe et Terr., p. 99.
—   Gunth. Cat. Fish. Brit. Mus., t. VIII, p. 80.
Pisædonophis semicinctus Káup. Apod., p. 22.
—   Dum. Poiss. Afr. occ., p. 264, n° 179.

Schyk. — Peu commun : — plage de Guet N'Dar, pointe de Barbarie, Gorée, banc d'Argain, embouchure de la Gambie.

310. OPHICTHYS PARDALIS Valenc.

Ophicthys pardalis Valenc. *in* Gunth. Cat. Fish. Brit. Mus., t. VIII, p. 82.
Ophisurus pardalis Valenc. Ichth. Canar., p. 90, pl. 16, f. 2.

Schykba. — Commun : — plage de Guet N'Dar, Gorée, cap Vert, où M. Bouvier a recueilli l'espèce.

Gen. **MURÆNA** Gunth.

311. MURÆNA MELANOTIS Kaup.

Muræna melanotis Kaup. *in* Gunth. Cat. Fish. Brit. Mus., t. VIII, p. 98.
Limamuræna melanotis Kaup. Aale. Hamburg. Mus. p. 27, tab. 4, fig. 3.

Cap Vert ; — recueilli par M. Bouvier.

312. MURÆNA AFRA Lacep.

Muræna afra Lacep. V. p. 642.
— Gunth. Cat. Fish. Brit. Mus., t. VIII, p. 123.
— Steind. Brit. Kennt. Fish. Afrik., p. 55.

Rufisque (*teste* Steindachner) ; — espèce des mers de l'Inde et d'Australie ; — habite également le Niger.

Gen. **THYRSOIDEA** Kaup.

313. THYRSOIDEA LINEOPINNIS Kaup.

Thyrsoidea lineopinnis Kaup. Apod., p. 82.
— Dum. Poiss. Afr. occ., p. 264, nᵒ 180.

Muræna afra Gunth. Cat. Fish. Brit. Mus., t. XIII, p. 123.

Cap Vert, embouchure de la Casamence ; — rapporté par M. Bouvier.

314. THYRSOIDEA MACULIPINNIS Kaup.

Thyrsoidea maculipinnis Kaup. Apod., p. 83.
    —   Dum. Poiss. Afr. occ., p. 264, n° 181, pl. XXIII, f. 1,
    a, b, c, d.
Muræna maculipinnis Gunth. Cat. Fish. Brit. Mus., t. VIII, p. 124.

Dian diechjh. — Commun : — plage de Guet N'Dar, pointe de Barbarie, cap Vert, Gorée ; — taille moyenne 1,100.

Duméril figure, grandeur naturelle, un exemplaire de cette
espèce mesurant 0,240, sur lequel on ne peut reconnaître aucune
des couleurs de l'animal. De son côté, Blecker (*Poiss. Guin.*,
pl. XXVII) représente la même espèce d'une façon inexacte, ce
que confirme sa description. Nos exemplaires, jeunes ou vieux,
nous ont montré : teinte générale jaunâtre marbrée de brun
rouge et de jaune foncé; tête à marbrures plus accusées; dorsale
jaune sale, à rayons bruns et à larges maculatures rougeâtres;
anale grise, tiquetée de brun; iris jaune.

215. THYRSOIDEA UNICOLOR Kaup.

Thyrsoidea unicolor Kaup. Apod., p. 89, fig. 64.
    —   Dum. Poiss. Afr. occ., p. 264, n° 183.
Muræna unicolor Gunth. Cat. Fish. Brit. Mus., t. VIII, p. 125.

Gorée.

Gen. PŒCILOPHIS Kaup.

316. PŒCILOPHIS LECOMTEI Kaup.

Pœcilophis Lecomtei Kaup. Apod., p. 103.
    Dum. Poiss. Afr. occ., p. 264, n° 185., pl. XXIII, fig. 2,
    a, b, c, d.

Muræna Lecomtei Gunth. Cat. Fish. Brit. Mus., t. VIII, p. 131.

Dianbajh. — Très commun dans la Casamence, d'où M. Bouvier en a rapporté des exemplaires de tout âge.

Les ocelles dont l'espèce est ornée, sont bleuâtres, tantôt rangées en séries, tantôt et le plus souvent éparses sans aucun ordre sur tout le corps; le fond général de la couleur est brun pâle, plus accusé sur le dos et blanchissant à la région abdominale.

317. PŒCILOPHIS PELI Kaup.

Pœcilophis Peli Kaup. Apod., p. 102, fig. 68.
— Bleck. Poiss. Guin., p. 130, tab. 28.
— Dum. Poiss. Afr. occ., p. 264, n° 184.
Muræna Peli Gunth. Cat. Fish. Brit. Mus., t. VIII, p. 132.

N'dia. — Peu commun : — deux exemplaires rapportés de la Casamence par M. Bouvier nous sont connus.

En général, les nègres ne mangent pas les espèces de la famille des *Murænidæ*. Ils redoutent ces animaux qu'ils considèrent comme des serpents, et prétendent que leur morsure est mortelle. Les noms de *Dian, Dieye, Schick*, dont ils les baptisent, veulent en effet dire Serpent; ils ont soin de faire suivre ces mots d'un qualificatif, afin de distinguer les espèces qu'ils savent très bien reconnaître; ce qu'ils font également pour les Ophydiens, contrairement aux dires d'un médecin de la marine (*in litt.*, 28 novembre 1877) peu versé en histoire naturelle.

LOPHOBRANCHII Cuv.

Fam. SYNGNATHIDÆ Kaup.

Gen. SYNGNATHUS Lin.

318. SYNGNATHUS ACUS Lin.

Syngnathus acus Lin. Syst. Nat. 1, p. 416.
     —   Gunth. Cat. Fish. Brit. Mus., t. VIII, p. 157.

Sinkindi. — Assez rare : — plage de Guet N'Dar, pointe de Barbarie.

Adanson, dans son cours d'Histoire naturelle (1772, *édit. Payer,* 1845, 2ᵉ vol., p. 89), parlant de cette espèce, dit qu'elle est commune dans les sables maritimes du Sénégal. Nous l'avons seulement rencontrée sur la plage, à la suite de gros temps, après les fortes *tornades,* ce qui nous porte à penser qu'elle était entraînée du large.

Gen. DORYICHTHIS Dum.

319. DORYICHTHIS JUILLERATI Rochbr.

(Pl. VI, fig. 5.)

Doryichthis Juillerati Rochbr. Bull. Soc. Phil. Paris, 22 mai 1880.

D. — CORPUS ELONGATUM, SUBQUADRATUM, OBTUSUM, PALLIDE FUSCUM ; ROSTRO QUINQUE MACULATO ; PINNÆ PALLIDE FUSCÆ.

Tête contenue 5 fois dans la longueur totale; museau 2 fois aussi long que la région postoculaire, plus court de 1/10 de la dorsale; dorsale insérée sur les trois derniers anneaux du tronc et les sept premiers de la queue; queue, sans la caudale, plus longue que le 1/2 de la longueur du tronc, y compris la tête;

dentelure très faiblement prononcée sur les arêtes de la tête et les angles des anneaux. Couleur brun pâle; 5 taches quadrangulaires noirâtres en dessous du rostre et de chaque côté; nageoires d'un brunâtre très clair.

D. 50; anneaux du tronc 20. — Long. 0, 121. — Larg. du dos, 0,002; épaisseur dans son plus grand diamètre, 0,004.

Rare : — rade de Dakar, Gorée ; — provient des collections réunies à Dakar et adressées au Muséum.

Voisin du *D. brachyurus* Bleck, il s'en distingue par sa dorsale plus longue, la position de celle-ci sur les 3 derniers anneaux du corps et les 7 premiers de la queue (et non sur le dernier du corps et les 8 premiers de la queue, caractère propre au *D. brachyurus*); par son museau plus court et les dimensions plus longues de la queue.

Gen. **HIPPOCAMPUS** Leach.

320. **HIPPOCAMPUS GUTTULATUS** Cuv.

Hippocampus   guttulatus Cuv. Reg. an.
      —   Gunth. Cat. Fish. Brit. Mus., t. VIII, p. 202.
      —   Dum. Poiss. Afr. occ., p. 261, n° 21.
Hippocampus Deanei Dum. Poiss. Afr. occ., p. 243-261, n° 23.

Peu commun :   Casamence, Rio-Pongo, Gambie , — très rare à Gorée, d'où nous n'en connaissons qu'un individu jeune.

En comparant le type de l'*Hippocampus Deanei* de Duméril (*n° 1211, de la Coll. ichth. du Mus.*) avec un *Hippocampus guttulatus* Algérien, de même taille (*n° 5977. Coll. ichth. du Mus.*) nous avons acquis la certitude qu'ils étaient l'un et l'autre, de la même espèce. Les seules différences propres au *Deanei* consistent : dans sa forme un peu plus trapue; l'absence des lambeaux cutanés; la couronne occipitale plus développée; les tubercules moins anguleux (ce qui dénote un individu âgé, ayant éprouvé une sorte d'usure des points saillants de son dermo-squelette). Le pointillé blanchâtre répandu sur les plaques, plus abondant que chez le *guttulatus*, ne peut suffire à le distinguer de celui-ci.

321. HIPPOCAMPUS BICUSPIS Kaup.

Hippocampus bicuspis Kaup. Lophobr., p. 13, tab, 3, f. 1.
    —   Dum. Poiss. Afr. occ., p. 261, n° 22.
    —   Gunth. Cat. Fish. Brit. Mus., t. VIII, p. 205.

Gorée.

Nous pouvons affirmer que, contrairement à l'assertion de M. Gunther (*loc. cit.*), le type du Muséum de Paris (n° 5884) n'appartient pas à un très jeune sujet.

PLECTOGNATHI Cuv.

Fam. SCLERODERMI Cuv.

Gen. BALISTES Cuv.

322. BALISTES FORCIPATUS Gm.

Balistes forcipatus Gm. L. 1, 1472.
    —   Gunth. Cat. Fish. Brit. Mus., t. VIII, p. 216.
    —   Dum. Poiss. Afr. occ., p. 261, n° 12.
Balistes dicrostigma Guich. *in* Dum. Poiss. Afr. occ., p. 261, n° 13.

N'dor. — Peu commun: — Gorée, cap Vert, Guet N'Dar ; n'entre pas dans l'alimentation des nègres.

Le *Balistes dicrostigma* Guich. est identique au *forcipatus.* Les filets libres de la dorsale n'existent pas, par suite soit d'accident, soit de l'âge.

323. BALISTES ACULEATUS Lin.

Balistes aculeatus Lin. Sys. Nat., t. 1, p. 406.
    —   Gunth. Cat. Fish. Brit. Mus., t. VIII, p. 223.

N'dor. — Assez rare : — mêmes localités que le *forcipatus ;* — Gambie, Casamence.

Gen. **MONACANTHUS** Cuv.

324. MONACANTHUS SETIFER Benn.

Monacanthus setifer Benn. Proc. Zool. Soc., 1830, p. 112.
— Gunth. Cat. Fish. Brit. Mus., t. VIII, p. 239.
Monacanthus filamentosus Valenc. Ichth. Canar., p. 95, pl. 17, fig. 1.

N'dorgah. — Pris en mer ; — cap Blanc, cap Mirik. ; — plus rarement en vue de Guet N'Dar.

325 MONACANTHUS HEUDELOTII Holl.

Monacanthus Heudelotii Holl. *in* Gunth. Cat. Fish. Brit. Mus., t. VIII, 251.
Aluterus Heudelotii Holl. Ann. Sc. nat., 1855, t. VI, p. 13.

Sénégal.

326. MONACANTHUS SCRIPTUS Orb.

Monacanthus scriptus Orb. *in* Gunth. Cat. Fish. Brit. Mus., t. VIII, p. 252.

Cap Vert, d'où il a été rapporté par M. Bouvier.

Gen. **OSTRACION** Arted.

327. OSTRACION QUADRICORNIS Lin.

Ostracion quadricornis Lin. Syst. Nat., 1, p. 409.
— Gunth. Cat. Fish. Brit. Mus., t. VIII, p. 257.
— Bleek. Poiss. Guin., p. 20.

Kounaye, — Très rarement rencontré vivant : — c'est après les gros temps d'hivernage qu'on le trouve jeté sur la plage : Guet N'Dar, pointe de Barbarie, plages de Dakar, d'Argain ; — n'a jamais plus de 0,062 à 0,079.

Fam. **GYMNODONTES** Cuv.

Gen. **TETRODON** Cuv.

328. TETRODON GUTTIFER Bonn.

Tetrodon guttifer Benn. Proc. Zool. Soc., 1830, p. 148.
— Gunth. Cat. Fish. Brit. Mus., t. VIII, p. 272.

Boundojh. — Peu commun : — Gambie, Casamence, Falèmé, à leur embouchure ; — plus rare à Dakar et Gorée, où on l'observe quelquefois.

329. TETRODON LÆVIGATUS Lin.

Tetrodon lævigatus Lin. Syst. Nat., 1, p. 411.
— Gunth. Cat. Fish. Brit. Mus., t. VIII, p. 274.
Gastrophysus lævigatus Bleck. Poiss. Guin., p. 22, pl. II.
Promecocephalus lævigatus Bib. *in* Dum. Poiss. Afr. occ., p. 261, n° 18.

Ouakan. — Assez commun : — rade de Gorée, rade de Guet N'Dar.

330. TETRODON SCELERATUS Forst.

Tetrodon sceleratus Forst. Gm. L. 1, p. 1444.
— Gunth. Cat. Fish. Brit. Mus., t. VIII, p. 276.
Promecocephalus argentatus Bib. Rev. Zool., 1855, p. 279.
— Dum. Poiss. Afr. occ., p. 261, n° 17.

Gorée.

331. TETRODON SPENGLERI Bloch.

Tetrodon Spengleri Bloch. Aust. Fish., t. I, p. 135, tab. 144.
— Gunth. Cat. Fish. Brit. Mus., t. VIII, p. 284.

Bounn. — Assez commun : — Guet N'Dar, Dakar, Gorée ; — pris en juillet et août ; — très redouté des nègres, comme vénéneux, bien plus encore que toutes les espèces du même genre.

332. TETRODON FAHAKA Hass.

Tetrodon fahaka Hasselq. Itin., p. 400.
— Gunth. Cat. Fish. Brit. Mus., t. VIII, p. 290.

Tetrodon lineatus Lin. Syst. Nat., p. 414.
Tetraodon lineatum Dum. Poiss. Afr. occ., p. 261, n° 16.

Boundy. — Rare : — Gorée, Guet N'Dar, banc d'Argain, cap Vert.

Sa coloration, sur le vivant, mérite d'être notée: parties supérieures bleu intense; ventre orangé, à mouchetures brunâtres;
une ligne orange règne le long du dos; trois autres lignes, larges, de même couleur, s'étendent sur les flancs; l'une d'elles
entoure le pied des pectorales; anale et caudale olivâtres, à
rayons bruns; pectorales jaunâtres, à rayons rougeâtres ; iris
rouge vermillon vif. Nos échantillons mesurent de 0,350 à 0,480.

333. TETRODON STELLATUS Bleck.

Tetrodon stellatus Bleck. *in* Gunth. Cat. Fish. Brit. Mus., t. VIII, p. 294.
Dilobomycterus maculatus Bib. *in* Dum. Pois. Afr. occ., p. 261.

Gorée.

Duméril (*loc. cit.*, p. 261, n° 20) indique, de Gorée, une espèce sous le nom d'*Ephippion maculatum* Bib. Le genre *Ephi-
pion,* créé par Bibron (*Travail inéd. relatif aux Plectog. gymnod.*)
et sur lequel Duméril a publié une note (*in Rev. et Mag. Zool.*,
1875, t. VII, p. 274 et suiv.) ne nous est pas connu. Nous serions
néanmoins disposé à supposer que l'*Ephippion maculatum*
n'est autre que le *Tetrodon stellatus* (*maculatus*), également de
Gorée. M. Gunther, qui connaissait très bien le travail précité,
n'en parle pas dans son *Cat. Brit. Mus.*

Gen. **DIODON** Gunth.

334. DIODON HYSTRIX Lin.

Diodon hystrix Lin. Syst. Nat., 1, p. 413.
    —   Gunth. Cat. Fish. Brit. Mus., t. VIII, p. 306.

Ouakandé. — Rare.

Cette espèce, indiquée du Gabon par M. Gunther, se rencontre en mer, près des côtes des caps Roxo et Sainte-Marie; elle

remonte plus haut encore ; un seul exemplaire a été pêché à 6 milles en mer, dans les parages du banc d'Argain ; un autre, dans la rade de Guet N'dar, à deux milles des brisants.

Gen. **ORTHAGORISCUS** Bleck.

335. ORTHAGORISCUS TRUNCATUS Flem.

Orthagoriscus truncatus Flem. Brit. An., p. 170.
— Gunth. Cat. Fish. Brit. Mus., t. VIII, p. 320.

Zatanga. — Rare : — cap Roxo, cap Sainte-Marie ; — quelquefois rencontré au cap Vert.

LEPTOCARDII Mull.

CIRROSTOMI Owen.

Fam. **AMPHIOXIDÆ** Mull.

Gen. **BRANCHIOSTOMA** Costa.

336. BRANCHIOSTOMA LANCEOLATUM Pall.

Branchiostoma lanceolatum Pall. Spicil. Zool., X, pl. 19, tab. 1,
f. 11.
— Gunth. Cat. Fish. Brit. Mus., VIII, p. 113.
— Steind. Beitr. Kenn. Fish. Afrik., p. 35.
Amphioxus lanceolatus Yarr. Brit. Fish., 1836, p. 408.

Rufisque (*teste* Steindachner).

Nous ne connaissons pas l'existence de cette espèce en Sénégambie, et nous pensons que si le genre *Amphioxus* se rencontre dans ces parages, comme l'indique M. Steindachner, il est de toute probabilité que l'espèce doit être distinguée du type de nos côtes Européennes. L'étude de ces espèces de diverses provenances, nous parait présenter un haut intérêt.

LISTE MÉTHODIQUE

DES

POISSONS DE LA SÉNÉGAMBIE

DIPNOI Mull

Sirenoidei Gunth.

Protopteridæ Gunth.

I. Protopterus Ow.

1. — P. annectens Gray.

GANOIDEI Mull.

Holostei Mull.

Polypteridæ Mull.

II. Polypterus Geoff.

2. — P. Bichir Geoff.
3. — P. Lapradei Steind.
4. — P. Senegalus Cuv.
5. — P. Palmas Ayr.

CHONDROPTERYGII Cuv.

Plagiostomata Selachoidei
Dum.

Carchariidæ Cuv.

III. Carcharias Lin

6. — C. isodon Dum.
7. — C. glaucus M. et H.
8. — C. leucos Dum.
9. — C. melanopterus M. et H.
10. — C. limbatus M. et H.

IV. Galeocerdo M et H.

11. — G. tigrinus M. et H.

V. Galeus Cuv.

12. — G. Canis Rond.

VI. Zygæna Cuv.

13. — Z. malleus Sch.
14. — Z. Leeuwenii Griff.
15. — Z. tudes Cuv.

VII. Mustellus Cuv.

16. — M. lævis Riss.

Lamnidæ Cuv.

VIII. Oxyrhina M. et H.

17. — O. gomphodon M. et H.

IX. Carcharodon M. et H.

18. — C. Rondeletii M. et H.

X. Odontaspis Agass.

19. — O. taurus (Rafin.) M. et H.

Notidanidæ M. et H.

XI. Notidanus. M et H.

20. — N. cinereus Cuv.

Scylliidæ Gunth.

XII. Genglymostoma M. et H.

21. — G. cirratum M. et H.

Spinacidæ.

XIII. Acanthias M. et H.

22. — A. uyatus M. et H.

XIV. Echinorhinus Blainv.

23. — E. spinosus Bl.

XV. Isistius Gill.

24. — I. Brasiliensis Gill.

Plagiostomata Batoidei Dum.

Pristidæ Dum.

XVI. Pristis Lath.

25. — P. Perrotteti M. et H.
26. — P. antiquorum Lath.
27. — P. occa Dum.

Rhinobatidæ Gunth.

XVII Rhynchobatus Gunth.

28. — R. Djeddensis Rupp.

XVIII. Rhinobathus Gunth.

29. — R. Halavi Rupp.
30. — R. cemiculus Geoff.

Torpedinidæ Dum.

XIX. Torpedo Dum.

31. — T. nigra Guich.
32. — T. oculata Davy.
33. — T. marmorata Riss.

Rajdæ Dum.

XX. Platyrhina M. et H.

21. P. Schouleinii M. et H.

Trygonidæ Dum.

XXI. Urogymnus M. et H.

35. — U. asperrimus Dum.

XXII. Trygon Adam.

36. — T. thalassia Column.
37. — T. spinosissima Dum.
38. — T. margarita Gunth.

XXIII. Pteroplatea M. et H.

39. — P. Vaillantii Rochbr.

Myliobatidæ Dum.

XXIV. Myliobatis Cuv.

40. — M. bovina Geoff.

XXV. Ætobatis M. et H.

41. — Æ. flagellum M. et H.
42. — Æ. latirostris Dum.

XXVI. Rhinoptera Kuhl.

43. — R. Peli Bleek.
44. — R. Javanica M. et H.

Cephalopteræ Dum

XXVII. Cephaloptera Dum.

45. — C. giorna Riss.
46. — C. Rochebrunei Vaill.

TELEOSTEI Mull.

Acanthopterygii Mull.

Berycidæ Lowe.

XXVIII Holocentrum Arted.

47. — H. hastatum C. V.

Percidæ Owen.

XXIX. Labrax Cuv.

48. — L. lupus Lacep.
49 — L. punctatus (Bloch.) Gunth.

XXX. Lates Cuv.

50. — L. niloticus Lin.

XXXI. Apsilus C. V.

51. — A. fuscus C. V.

XXXII. Serranus Cuv.

52. — S. nigri Gunth.
53. — S. papilionaceus C. V.
54. — S. lineo-ocellatus Guich.
55. — S. ouatalibi C. V.
56. — S. tæniops C. V.
57. — S. gigas Brün.
58. — S. fimbriatus Lowe.
59. — S. Goreensis C. V.
60. — S. fuscus Lowe.
61. — S. æneus G. St-H.
62. — S. acutirostris C. V.

XXXIII. Rhypticus C. V.

63. R. saponaceus C. V.

XXXIV. Lutjanus Bloch.

64. — L. dentatus Dum.
65. — L. jocu C. V.
69. — L. fulgens C. V.

67. — L. eutactus Bleck.
68. — L. agennes Bleck.
69. — L. Maltzani Steind.

XXXV. Priacanthus C. V.

70. — P. macrophthalmus C. V.

Pristipomatidæ Cuv.

XXXVI. Pristipoma Cuv.

71. — P. Jubelini C. V.
72. — P. Rogeri C. V.
73. — P. Bennettii Lowe.
74. — P. Viridense C. V.
75. — P. suillum C. V.
76. — P. macrophthalmum Bleck.
77. — P. Perrotteti C. V.
78. — P. octolineatum C. V.

XXXVII. Diagramma Cuv.

79. — D. mediterraneum Guich.

XXXVIII. Dentex Cuv.

80. — D. vulgaris C. V.
81. — D. filosus Valenc.

XXXIX. Smaris Cuv.

82. — S. melanurus C. V.

Mullidæ Gray.

XL. Mullus Lin.

83. — M. barbatus Lin.

XLI. Upeneus C. V.

84. — N. Prayensis C. V.

Sparidæ Rich.

XLII. Cantharus Cuv.

85. — C. Senegalensis C. V.

XLIII. Box Cuv.

86. — B. salpa Lin.

XLIV. Sargus. Klein.

87. — S. annularis Geoff.
88. — S. fasciatus C. V.
89. — S. cervinus Lowe.
90. — S. vulgaris Geoff.

XLV. Lethrinus Cuv.

91. — L. atlanticus C.V.

XLVI. Pagrus Cuv.

92. — P. vulgaris C. Y.
93. — P. auriga Valenc.
94. — P. Ehrenbergii C. V.

XLVII. Pagellus C. V.

95. — P. erythrinus C. V.
96. — P. mormyrus C. V.

XLVIII. Chrysophrys Cuv.

97. — C. cæruleosticta C. V.
98. — C. gibbiceps C. V.

Squamipinnes Cuv.

XLIX. Chætodon Arted.

99. — C. Luciæ Rochbr.
100. — C. Hœfleri Steind.

L. Ephippus Cuv.

101. — E. Gorcensis C. V.

Triglidæ Kaup.

LI. Scorpæna Arted.

102. — S. scrofa Lin.
103. — S. ustulata Lowe.
104. — S. Senegelensis Steind.

LII. Trigla Arted.

105. — T. lineata Lin.

LIII. Dactylopterus Lacep.

106. — D. volitans C. V.

Sciænidæ Owen.

LIV. Larimus C. V.

107. — L. Peli Bleck.

LV. Umbrina Cuv.

108. — U. Canariensis Valenc.

LVI. Sciæna Arted.

109. — S. Senegalensis C. V.
110. — S. epipercus Bleck.
111. — S. Sauvagei Rochbr.

LVII. Corvina Cuv.

112. — C. nigra C. V.
113. — C. nigrita C. V.
114. — C. clavigera C. T.

LVIII. Otolithus Cuv.

115. — O. Senegalensis C. V.
116. — O. brachygnathus Bleck.
117. — O. macrognathus Bleck.

Polynemidæ Rich.

LIX. Polynemus Lin.

118. P. quadrifilis C. V.

LXX. Pentanemus Arted.

119. — P. quinquarius Art.

LXI. Galeoides Gunth.

120. — G. polydactylus Gunth.

Sphyrænidæ Bleck.

LXII. Sphyræna Arted.

121. — S. vulgaris C. V.

Trichiuridæ Gunth.

LXIII. Trichiurus Lin.

122. — T. lepturus Lin.

Scombridæ Cuv.

LXIV. Scomber Arted.

123. — S. pneumatophorus de la Roche.
124. — S. Colias Lin.

LXV. Thynnus C. V.

125. — Q. pelamys C. V.
126. — Q. alalonga C. V.

LXVI. Pelamys C. V.

127. — P. Sarda C. V.
128. — P. unicolor Guich.

LXVII. Cybium Cuv.

129. — C. tritor C. V.

LXVIII. Elacate Cuv.

130. — E. nigra. Cuv.

LXIX. Echeneis Arted.

131. — E. remora Lin.
132. — E. naucrates Lin.

Carangidæ Owen.

LXX. Caranx Cuv.

133. — C. jacobæus C. V.

134. — C. rhonchus Geoff.
135 — C. crumenophthalmus Bleck.
136. — C. Senegallus C. V.
137. — C. dentex C. V.
138. — C. carangus C. V.
139. — C. Alexandrinus Geoff.
140. — C. Goreensis C. V.

LXXI. Argyreiosus Leach

141. — A. setipinnis Lacep.

LXXII. Micropteryx Agass.

142. — M. chrysurus Agass.

LXXIII. Seriola Cuv.

143. — S. Dumerilii Riss.

LXXIV. Lichia Cuv.

144. — L. amia Cuv.
145. — L. glauca Riss.
146. — L. vadigo Riss.
147. — L. calcar C. V.

LXXV. Temnodon C. V.

148. — T. saltator C. V.

LXXVI. Sparactodon Rochbr.

149. — S. Nalnal Rochbr.

LXXVII. Trachynotus Lacep.

150. — T. ovatus Lin.
151. — T. Goreensis C. V.
152. — T. teraioides Guich.
153. — T. Martini Stein't.

LXXVIII. Psettus Comm.

154. — P. Sebæ C. V.

Xyphiidæ Agass.

LXXIX. Xyphias Arted.

155. — X. gladius Lin.
156. — X. velifer Cuv.

LXXX. Histiophorus Lacep.

157. — H. gladius Brown

Gobiidæ Owen.

LXXXI. Gobius Arted.

158. — G. lateristriga Dum.
159. — G. humeralis Dum.
160. — G. Mendroni Svg.
161. — G. Casamancus Rochbr.

LXXXII. Periophthalmus Arted.

162. — P. papillo Bl.
163. — P. Gabonicus Dum.
64. — P. erythronotus Guich.

LXXXIII. Eleotris Gronov

165. — E. guavina C. V.
166. — E. vittata Dum.
167 — E. Dumerillii Svg.
168. — E. Maltzani Steind.

Batrachidæ Cuv.

LXXXIV. Batrachus Schn.

169. — B. didactylus Bl.

Pediculati Cuv.

LXXXV. Antennarius Comm.

170. — A. pardalis C. V.
171. — A. marmoratus Gunth.

Blenniidæ Owen.

LXXXVI. Blennius Arted.

172. — B. Goreensis C. V.
173. — B. Bouvieri Rochbr.

LXXXVII. Clinus Cuv.

174. — C. nuchipinnis Quoy et G.
175. — C. pedatipennis Rochbr.

Acronuridæ Bleck.

LXXXVIII. Acanthurus Bloch.

176. — A. chirurgus Bloch.

Mugilidæ Bleck.

LXXXIX. Mugil Arted.

177. — M. cephalus Cuv.
178. — M. Our Forsk.
179. — M. grandisquamis C. V.
180. — M. capito Cuv.
181. — M. breviceps C. V.
182. — M. saliens Riss.
183. — M. cryptochilus C. V.
184. — M. hypselopterus Gunth.
185. — M. Schlegeli Bleck.
186. — M. falcipinnis C. V.
187. — M. Chelo Cuv.

XC. Myxus Gunth.

188 — M. curvidens C. V.

Centriscidæ Bleck.

XCI. Centriscus Lin.

189. —. C. gracilis Lowe.

Fistularidæ Mull.

XCII. Fistularia Lin.

190. — F. tabaccaria Lin.

Acanthopterygii pharyngognathi Mull.

Pomacentridæ Cuv.

XCIII. Pomacentrus Lacep.

191. — P. Hamyi Rochbr.

XCIV. Glyphidodon Lacep.

192. — G. luridus Brown.
193. — G. Hoefleri Steind.

XCV. Heliastes Gunth.

194. — H. bicolor Rochbr.

Labridæ Cuv.

XCVI. Labrus Arted.

195. — L. mixtus Fries.

XCVII. Centrolabrus Gunth.

196. — C. trutta Lowe.

XCVIII. Cossyphus C. V

197. — C scrofa C. V.
198. — C. tredecimspinosus.

XCIX. Julis C. V.

199. — J. pavo Hassel.

C. Coris Gunth.

200. — C. Atlantica Gunth.

CI. Scarus Forsk.

201. S. Cretensis Aldr.

CII. Pseudoscarus Bleck

202. — P. Hoefleri Steind.

Gerridæ Gunth.

CIII. Gerres Cuv.

203. — G. bilobus C. V.
204. — G. nigri Gunth.
205. — G. melanopterus Bleck.

Chromidæ Mull.

CIV. Chromis Cuv.

206. — C. Niloticus Cuv.
207. — C. Dumerilii Steind.
208. — C. polycentra Dum.
209. — C. nigripinnis Guich.
210. — C. Heudelotii Dum.
211. — C. latus Gunth.
212. — C. Guntheri Steind.
213. — C. aureus Steind.
214. — C. pleuromelas Dum.
215. — C. lateralis Dum.
216. — C. melanopleura Dum.
217. — C. cæruleo maculatus Rochbr
218. — C. macrocentra Dum.
219. — C. Rangii Dum.
220. — C. affinis Dum.
221. — C. Faidherbi Rochbr.
222. — C. microcephalus Bleck.
223. — C. macrocephalus Bleck.

CV. Hemichromis Peters.

224. — H. fasciatus Peters.
225. — H. auritus Gill.
226. — H. Desguezi Rochbr.

Anacanthini Mull.

Gadidæ Oven.

CVI. Mora Riss.

227. — M Mediterranea Riss.

CVII. Phycis Cuv.

228. — P. Mediterraneus Delar.

Ophidiidæ Mull.

CVIII. Ophidium Cuv.

229. — O. barbatum Lin.

CIX. Ammodytes Arted.

230. — A. Siculus Swains.

Pleuronectidæ Flem.

CX. Psettodes Benn.

231. — P. Erumei Bl.

CXI. Rhombus Klein.

232. — R. Senegalensis Kaup.

CXII. Solea Cuv.

233. — R. Senegalensis Kaup.

CXIII. Cynoglossus H. B.

234. — C. Senegalensis Kaup.

Physostomi Mull.

Siluridæ Cuv.

CXIV. Clarias Gronow.

235. — C. Senegalensis C. V.
236. — C. anguillaris Lin.
237. — C. xenodon Gunth.
238. — C. macromystax Gunth.
239. — C. læviceps Gill.

CXV. Heterobranchus Geoff.

240. — H. Senegalensis C. V.

CXVI. Schilbe Bleck.

241. — G. dipsila Gunth.
242. — G. Senegalensis C. V.

CXVII. Eutropius Mull.

243. — E. Niloticus Rupp.

CXVIII. Bagrus Bleck.

244. — B. buyad C. V.
245. — B. docmac C. V.

CXIX. Chrysichthys Gunth

246. — C. maurus C. V.
247. — C. nigrita C. V.
248. — C. nigrodigitatus Locep.

CXX. Pimelodus Gunth.

249. — P. Platychir Gunth.

CXXI. Auchenapsis Guntk.

250. — A. biscutatus Geoff.

CXXII. Arius Gunth.

251. — A. Heudelotii C. V.
252. — A Parkii Gunth.

CXXIII. Synodontis C. S.

253. — S. macrodon I.-S.-G. St-Hil.
254. — S. schal Hyrt.
255. — S. nigritus C. V.
256. — S. Gambiensis Gunth.
257. — S. xiphias Gunth.

CXXIV. Malapterurus Lacep.

258. — M. electricus Lacep.

Characinidæ Mull.

CXXV. Citharinus M. et T.

259. — C. Geoffroyi Cuv.

CXXVI. Alestes Gunth.

260. — A. setheute Cuv.
261. — A. Kotschyi Hech.
262. — A. macrolepidotus Bilb.

CXXVII. Brachyalestes Gunth.

263. — B. nurse Ruph.
264. — B. longipinnis Gunth.

CXXVIII. Hydrocion M. et T.

265. — H. Forskalii Cuv.

CXXIX. Sarcodaces Gunth.

266. — S. odoe Bloch.

CXXX. Distichodus M. et T.

267. — D. niloticus Mull.
268. — D. rostratus Gunth.

Mormyridæ Mull.

CXXXI. Mormyrus Gunth.

269. — M. rume C. V.
270. — M. Hasselquistii G. V.
271. — M. Jubelini C. V.
272. — M. macrophthalmus Gunth.
273. — M. tamandua Gunth.
274. — M. cyprinoides Lin.
275. — M. niger Gunth.
276. — M. brachyistius Gill.
277. — M. adspersus Gunth.

CXXXII. Hyperopisus Gill.

278. — H. Occidentalis Gunth.

Gymnarchidæ Gunth.

CXXXIII. Gymnarchus Cuv.

279. — G. Niloticus Cuv.

Scombresocidæ Mull.

CXXXIV. Belone Cuv.

280. — B. Lovii Gunth.

281. — B. Senegalensis C. V.
282. — B. choram Rupp.

CXXXV. Hemiramphus Cuv.

283. — H. Schlegeli Bleck.
284. — H. vittatus Valenc.
285. — H. Brasiliensis Lin.

CXXXVI. Exocætus Arted.

286. — E. evolans Lin.
287. — E. lineatus C. V.

Cyprinodontidæ Agass.

CXXXVII. Haplochilus M. Cl.

288. — H. fasciolatus Gunth.
289. — H. spilargyrela Dum.

Cyprinidæ Agass.

CXXXVIII. Labeo Cuv.

290. — L. selti C. V.
291. — L. Senegalensis C. V.

CXXXIX. Barbus Gunth.

292. — B. comptacanthus Bleck.

Osteoglosidæ Agass.

CXL. Heterotis Ehrh.

293. — H. Niloticus Ehrh.

Clupeidæ Cuv.

CXLI. Clupea Cuv.

294. — C. aurea C. V.
295. — C. dorsalis C. V.
296. — C. Maderensis Lowe.
297. — C. Senegalensis C. V.

CXLII. Pellonula C. V.

298. — P. vorax Gunth.

CXLIII. Pellona C. V

299. — P. Africana Bleck.
300. — P. gabonica Dum.

CXLIV. Albula Gronow.

301. — A. conorhyncus Bleck.

CXLV. Elops Lin.

302. — E. saurus Lin.
303. — E. lacerta C. V.

CXLVI. Megalops Comm.

301. — M. thrissoides Bleck.

Notopteridæ Cuv.

CXLVII. Notopterus C. V.

305. — M. afer Gunth.

Murænidæ Mull.

CXLVIII. Conger Kaup.

306. — C. marginatus Valenc.

CXLIX. Myriophis Bleck.

307. — M. punctatus Valenc.

CL. Ophyctys Gunth.

308. — O. rostellatus Rich.
309. — O. semicinctus Rich.
310. — O. pardalis Valenc.

CLI. Muræna Gunth.

311. — M. melanotis Kaup.
312. — M. afra Lacep.

CLII. Thyrsoidea Kaup

313. — T. lineopinnis Kaup.
314. — T. maculipinnis Kaup.
315. — T. unicolor Kaup.

CLIII. Pœcilophis Kaup.

316. — P. Lecomtei Kaup.
317. — P. Peli Kaup.

Lophobranchii Cuv.

Syngnathidæ Kaup.

CLIV. Syngnathus Lin.

318. — S. acus Lin.

CLV Doryichthis Dum.

319. — D. Juillerati Rochbr.

CLVI. Hippocampus Leach.

320. — H. guttulatus Cuv.
321. — H. bicuspis Kaup.

Plectognathi Cuv.

Sclerodermi Cuv.

CLVII. Balistes Cuv.

322. — B. forcipatus Cuv.
323. — B. aculeatus Lin.

CLVIII. Monacanthus Cuv.

324. — M. setifer Ben.
325. — M- Heudelotii Holl.
326. — M. scriptus Orb.

CLIX. Ostracion Arted.

327. — O. quadricornis Lin.

Gymnodontes Cuv.

CLX. Tetrodon Cuv.

328. — T. guttifer Benn.
329. — T. lævigatus Lin.
330. — T. sceleratus Forst.
331. — T. Spengleri Bleck.
332. — T. fahaka Hass.
333. — T. stellatus Bleck.

CLXI. Diodon Gunth.

334. — D. hystrix Lin.

CLXII. Orthagoriscus Bleck.

335. — O. truncatus Flem

LEPTOCARDII Mull.

Cirrostomi Owen.

Amphioxidæ Mull.

CLXIII. Branchiostoma Costa.

336. — B. lanceolatum Pall.

EXPLICATION DES PLANCHES

Planche I.

Figure 1. — *Cephaloptera Rochebrunei* Vaill. 1/7 grand. nat.

» 2. — Dents du *Cephaloptera Rochebrunei* Vaill., grossies 12 fois.

» 3. — » » *giorna* Cuv. » » »

» 4. — » » *Draco* M. et H. » » »

» 5. — » » *Eregodoo* Dum. » » »

Planche II.

Figure 1. — *Pteroplatea Vaillanti* Rochbr. 1/10 grand. nat.

» 2. — Aiguillon suscaudal, vu par sa face postérieure. 1/3 grand. nat.

» 3. — Dents du *Pteroplatea Vaillantii* Rochbr., grossies 10 fois.

» 4. — » » *Japonica* Schleg. » » »

» 5. — » » *Canariensis* Valenc. » » »

Planche III.

Figure 1. — *Sciæna Sauvagei* Rochbr. 1/10 grand. nat.

» 2. — *Pomacentrus Hamyi* Rochbr. grand. nat.

» 3. — *Heliastes bicolor* Rochbr. 1/2 grand. nat.

Planche IV.

Figure 1. — *Chætodon Luciæ* Rochbr. grand. nat.

» 2. — *Sparactodon Nalnal* Rochbr. 1/3 grand. nat.

» 3. — *Chromis cæruleo-maculatus* Rochbr. 1/2 grand. nat.

Planche V.

Figure 1. — *Gobius Casamancus* Rochbr. double grand. nat.

» 2. — Ecaille du même, grossie 18 fois.

» 3. — *Blennius Bouvieri* Rochbr. 2/3 grand. nat.

» 4. — Dentition du même, grossie 5 fois.

» 5. — *Chromis Faidherbi* Rochbr. 2/3 grand. nat.

» 6. — *Hemichromis Desguezi* Rochbr. grand. nat.

Planche VI.

Figure 1. — *Heterobranchus Senegalensis* C. V. 1/12 grand. nat.

» 2. — *Clinus pedatipennis* Rochbr. grossi 1/2 fois.

» 3. — Ecaille du même, grossie 15 fois.

» 4. — Tentacule susorbitaire du même, grossi 15 fois.

» 5. — *Doryicthis Juillerati* Rochbr. grand. nat.

Bordeaux. — Imp. J. Durand, rue Condillac, 20.

Cephaloptera Rochebrunei Vaill.

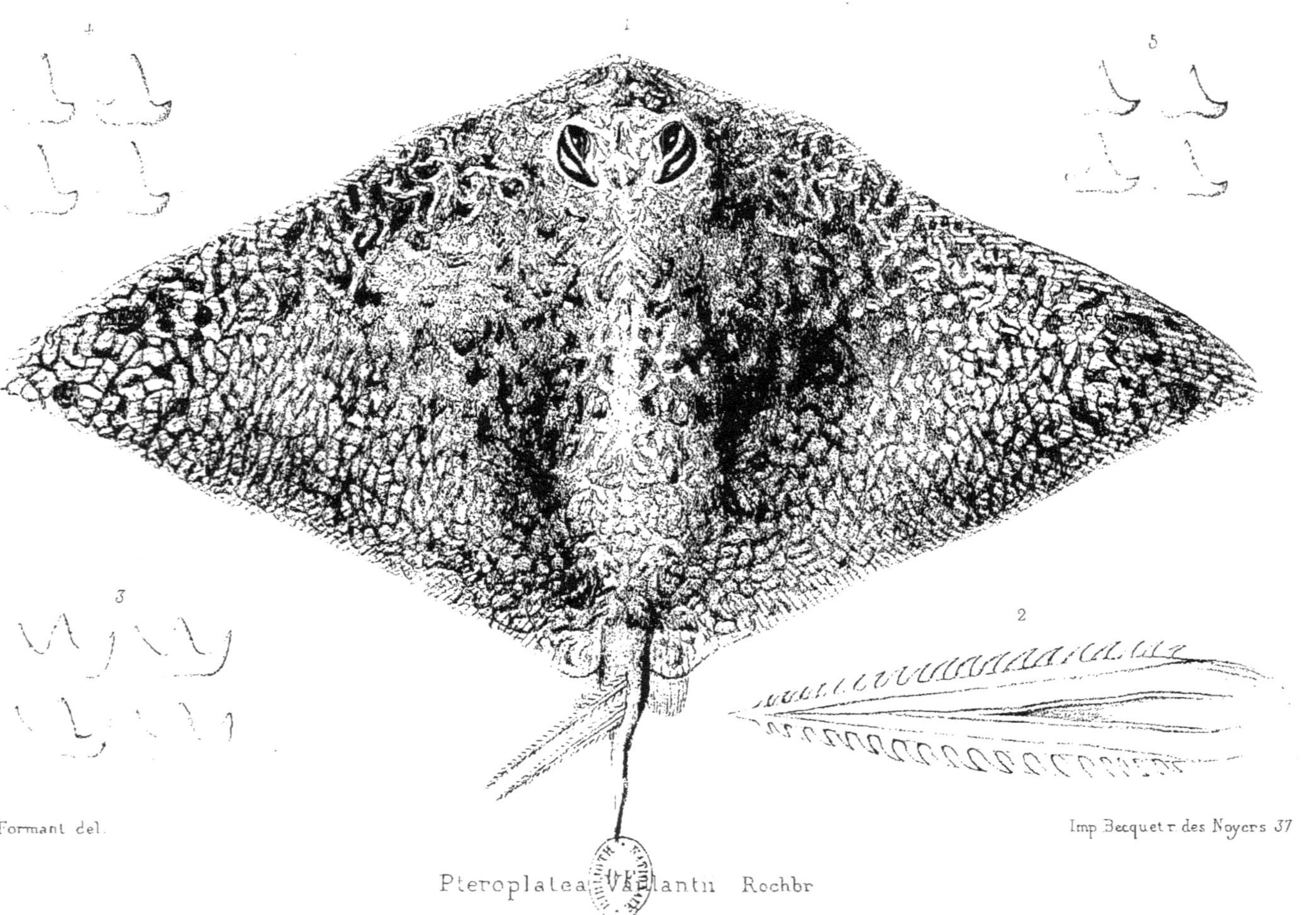

Formant del.
Imp Becquet r des Noyers 37
Pl. II
Pteroplatea Vaillantii Rochbr
1
2
3
4
5

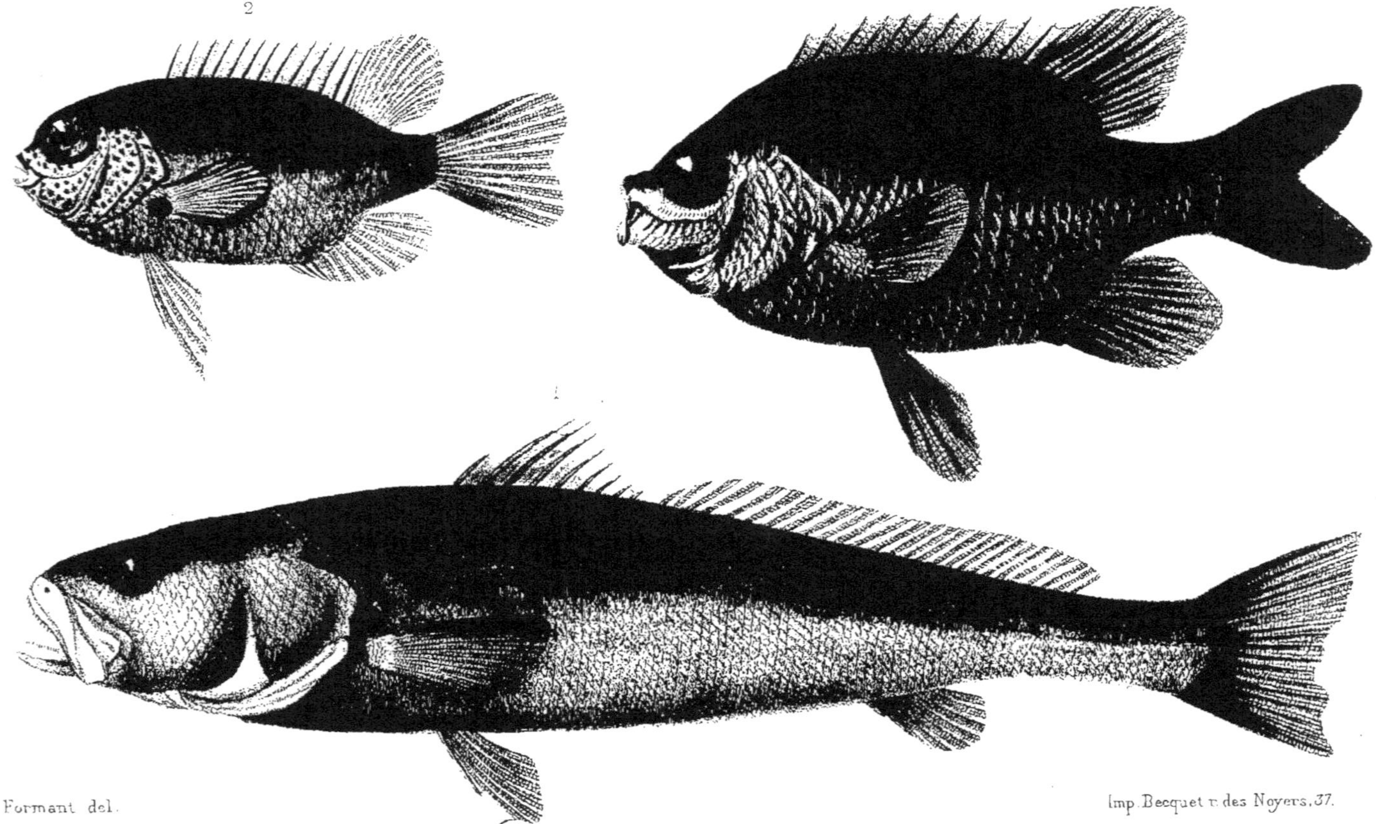

Formant del.

Imp. Becquet r. des Noyers, 37.

Pl. III.

1. Sciæna Sauvagei Rochbr.   2. Pomacentrus Hamyi Rochbr.
3. Heliastes bicolor Rochbr.

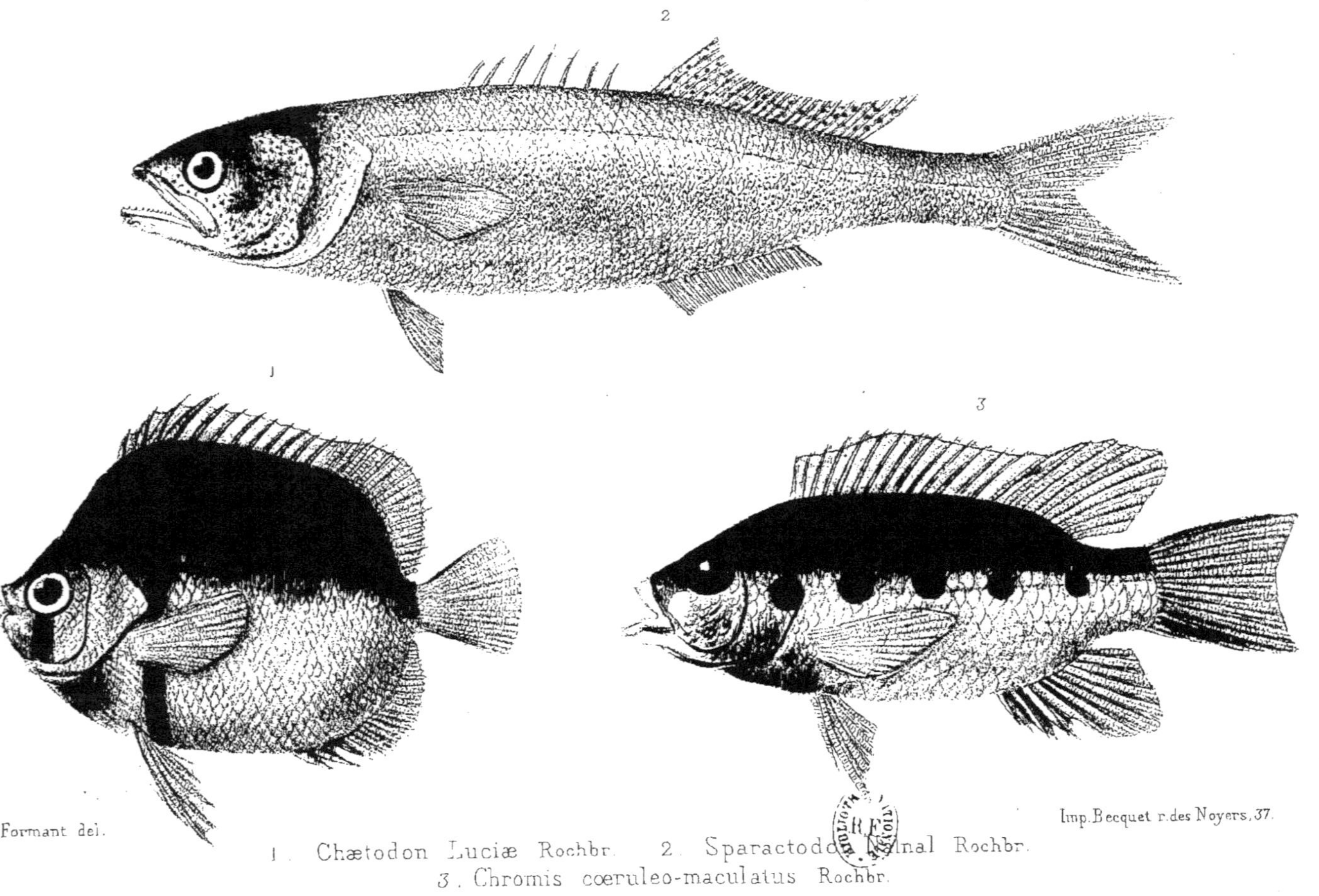

1. Chætodon Luciæ Rochbr.   2. Sparactodon Salinal Rochbr.
3. Chromis cœruleo-maculatus Rochbr.

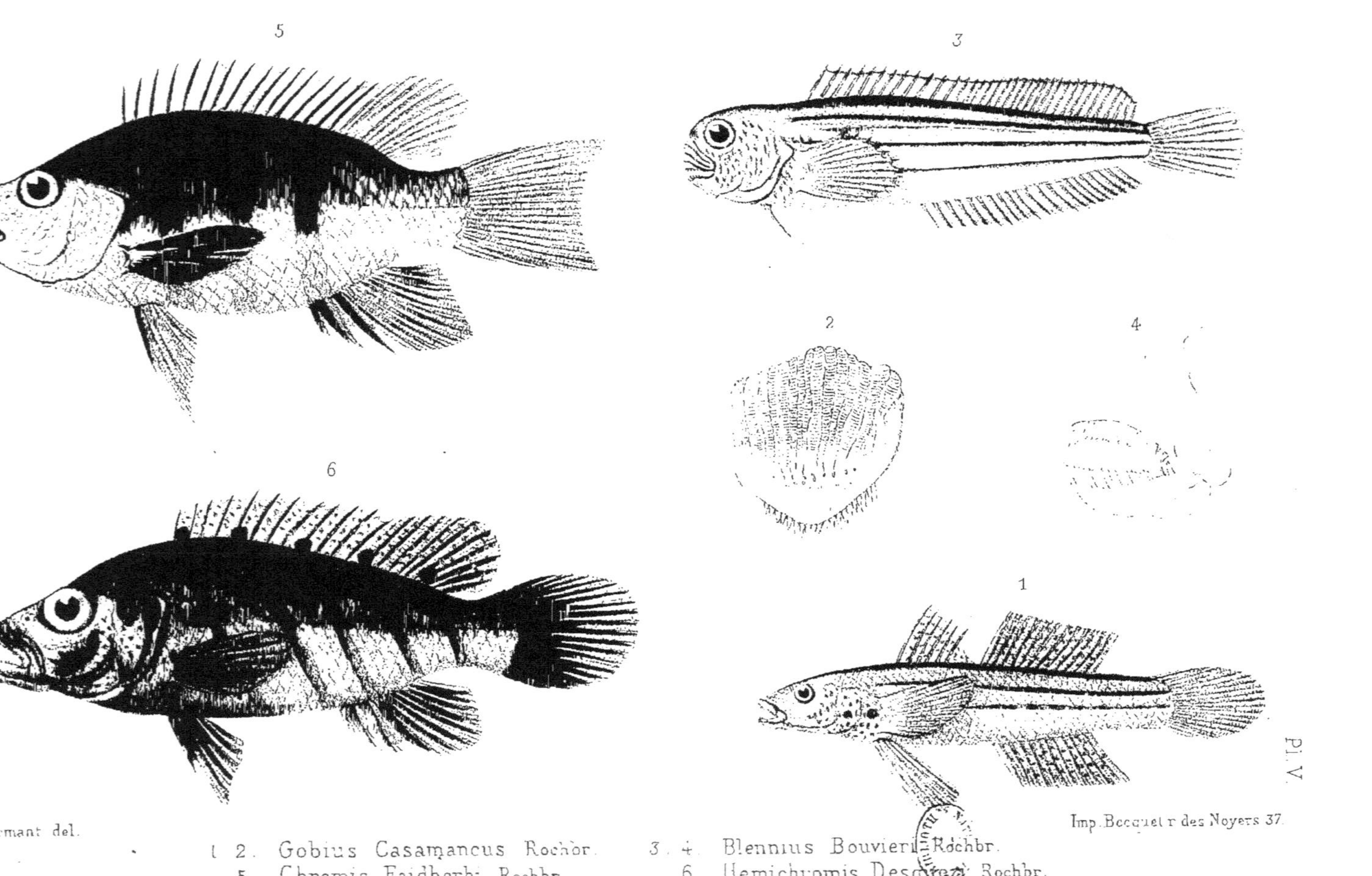

Formant del.

Imp. Becquet r des Noyers 37.

1 . 2. Gobius Casamancus Rochbr.   3 . 4. Blennius Bouvieri Rochbr.
5. Chromis Faidherbi Rochbr.   6. Hemichromis Desgrez Rochbr.

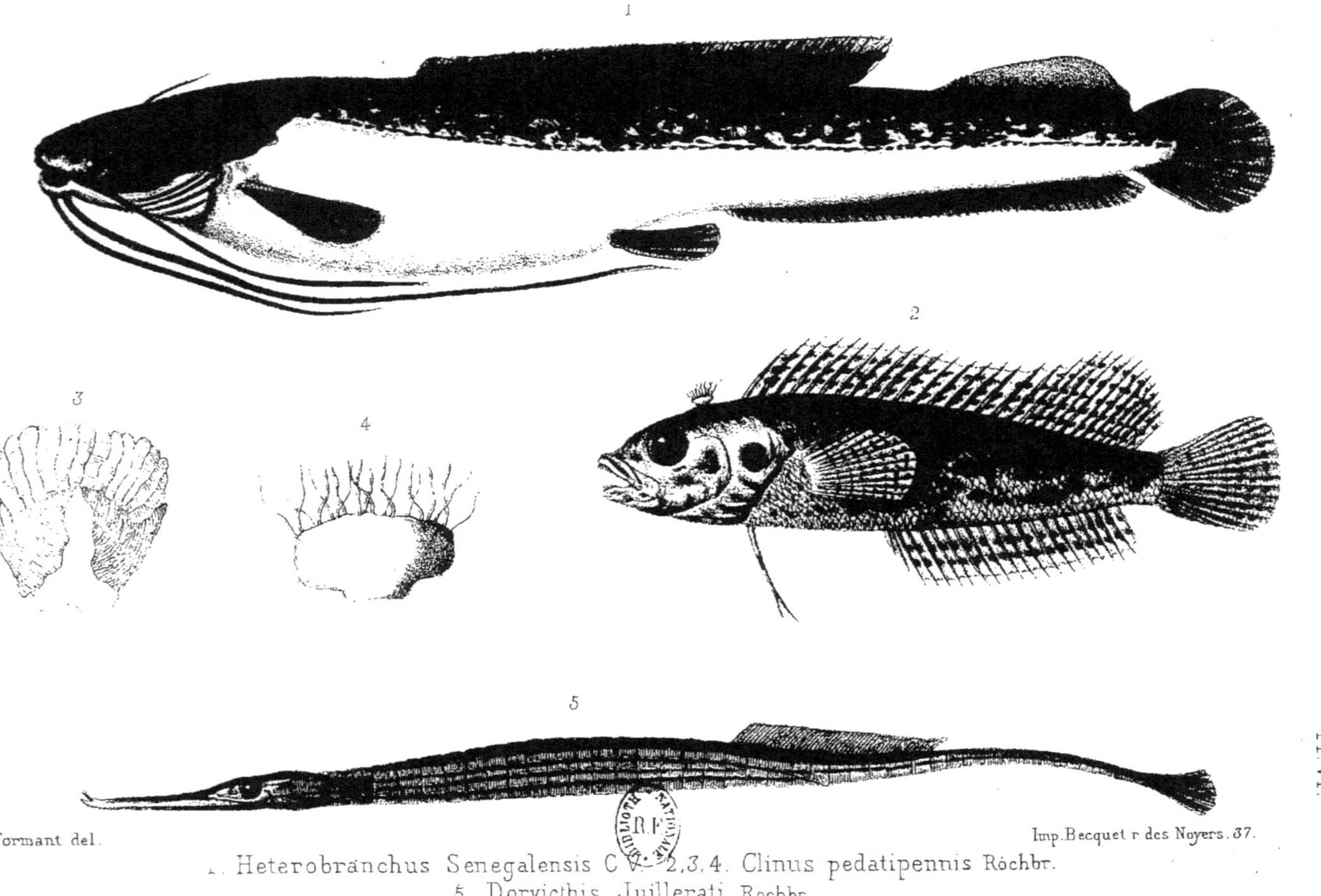

Formant del.

Imp. Becquet r des Noyers. 37.

1. Heterobranchus Senegalensis C V. 2,3,4. Clinus pedatipennis Rochbr.
5. Doryicthis Juillerati Rochbr

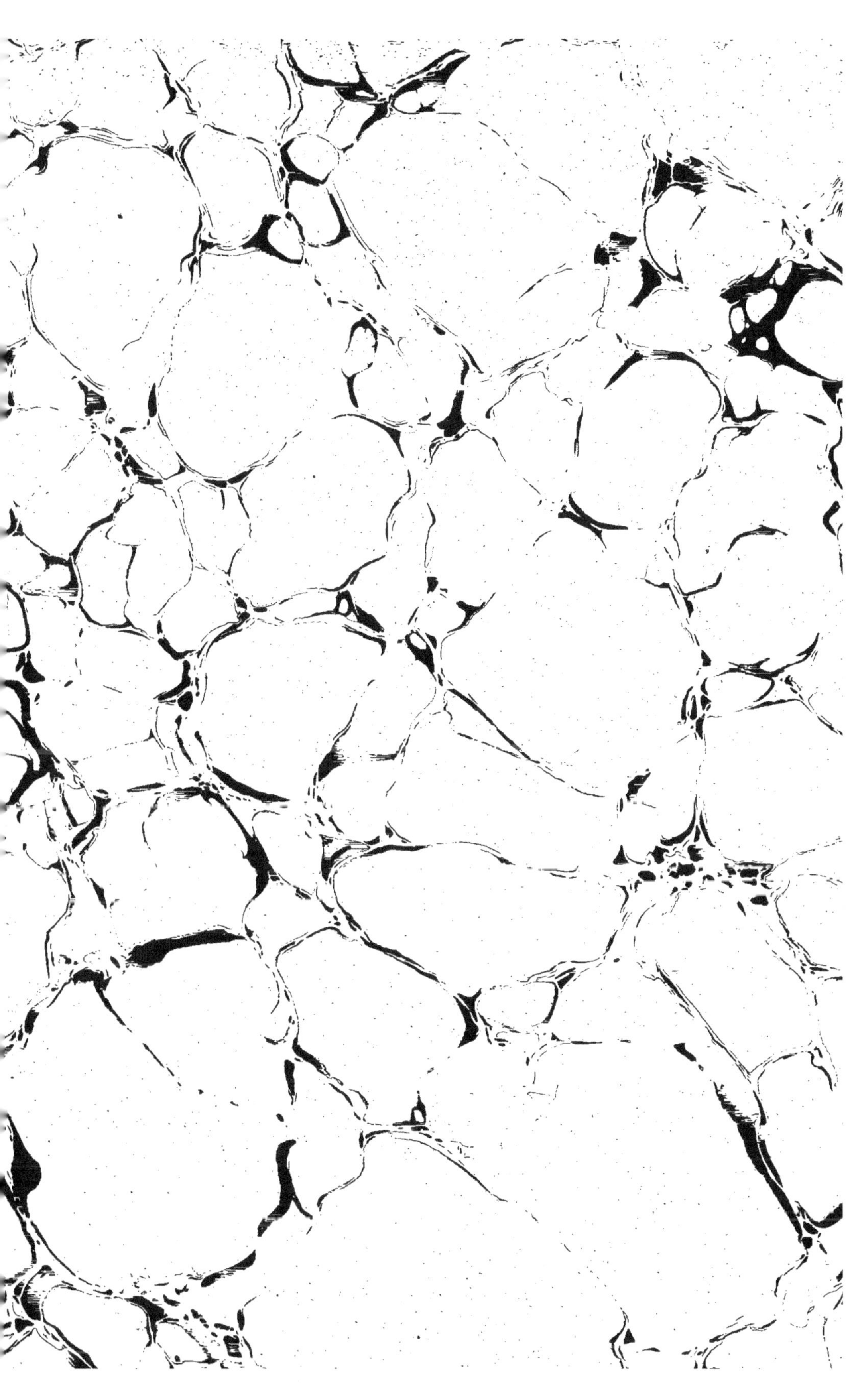

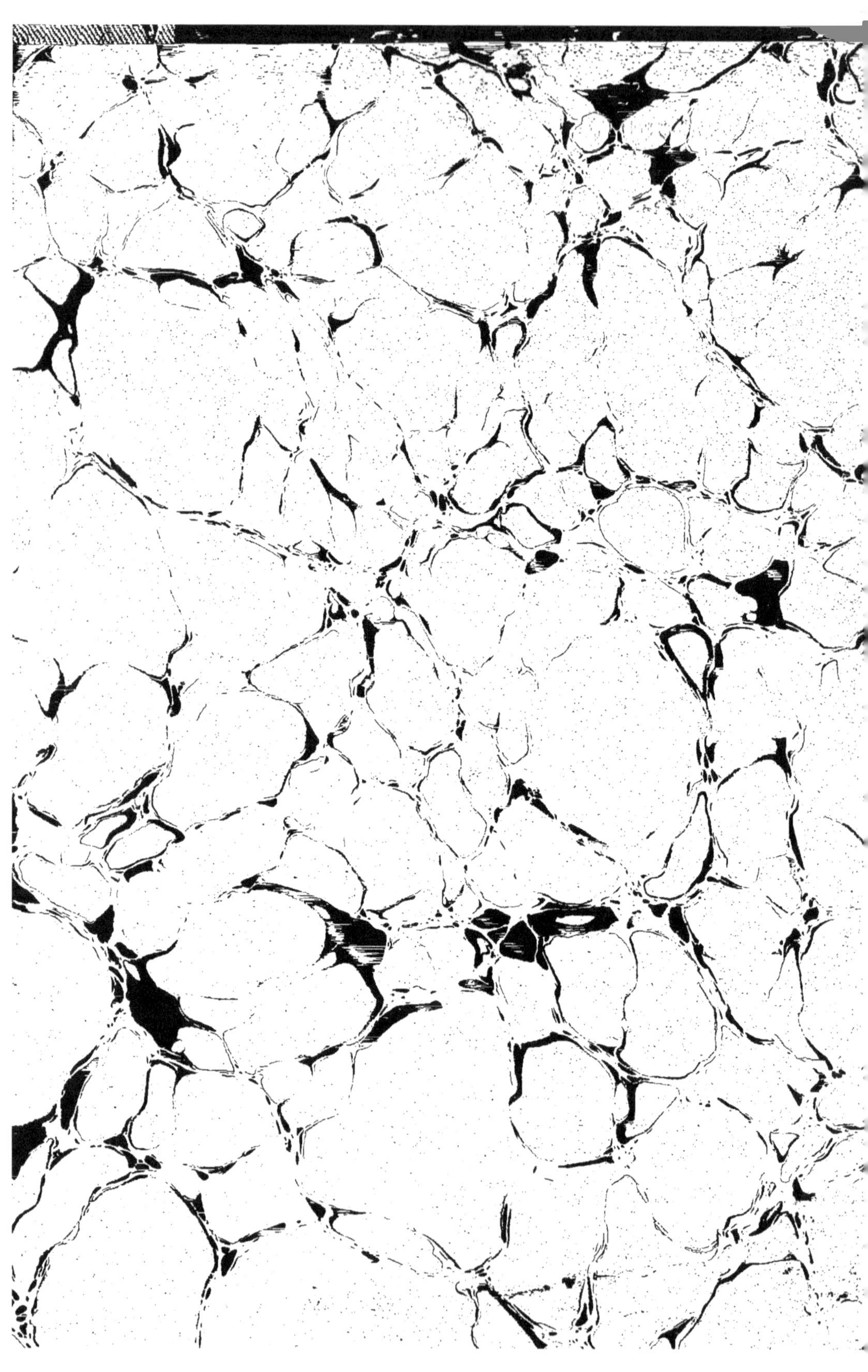

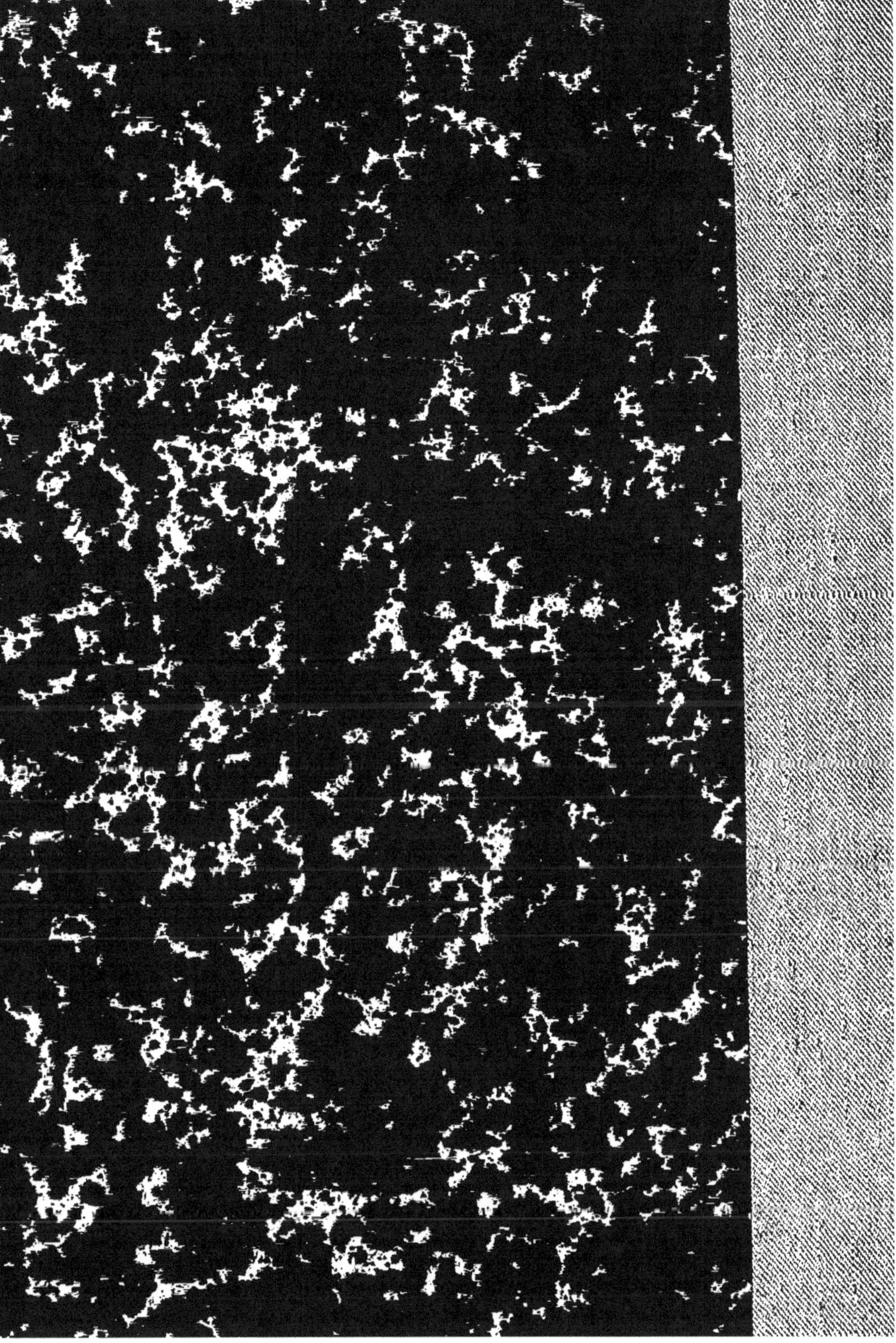